地应力场测量及其对冲击地压的影响研究

庞杰文　著

煤 炭 工 业 出 版 社

·北　京·

内 容 提 要

深部高地应力以及采动叠加应力形成的高应力场是造成冲击地压灾害的根本原因。监测和控制煤岩体中的应力对冲击地压防治工作有很重要的意义。然而，受深部地质条件、高应力、岩体结构复杂性的影响，地应力测试工作难以成功开展，给从事深部矿井地应力测试及冲击地压防治工作的专业人员带来很大的困扰。本书以鹤岗矿区为背景，采用塑性区测试、岩体结构测试与空心包体应力解除法相结合的方法，成功对典型冲击矿井进行了现场地应力测量，并通过数值模拟、线性差分获取了鹤岗矿区三个主采水平的最大水平主应力分布图。提出了冲击地压区域危险性评价依据，并基于地应力场研究结果，对鹤岗矿区进行了冲击地压危险区域划分，具有一定的现实指导意义。

本书可供从事地应力测试、冲击地压灾害防治方面工作的现场工作人员、科研人员以及相关专业的大学生、研究生、教师阅读，也可供相关领域的研究人员参考。

前　言

冲击地压是煤矿开采中典型的动力灾害之一，通常在煤、岩力学系统达到极限强度时，以突然、急剧、猛烈的形式释放弹性能，导致煤岩层瞬时破坏并伴随有煤粉和岩石的冲击，造成井巷的破坏及人身伤亡事故。冲击地压发生时，往往对巷道支护体造成极大的破坏，导致巷道大范围冒顶、片帮、底鼓，并对人员及巷道设备造成极大的破坏，严重影响煤矿安全生产。同时，冲击地压的发生伴有煤和岩石的抛射，还会引发煤与瓦斯突出、瓦斯爆炸、煤尘爆炸、火灾、水灾等灾害，甚至可引起地面震动，造成地面建筑物倒塌，危害巨大。迄今为止，包括我国在内，已有20多个国家发生过冲击地压。我国的冲击地压现象最早记录于1933年的抚顺胜利煤矿。截至目前，我国发生破坏性冲击地压的次数高达四千多次，造成了大量人员伤亡、设备破坏和财产损失。

导致冲击地压发生的因素有很多，主要分为地质因素和开采技术因素。地质因素有：大倾角、坚硬厚层顶板、坚硬底板、煤厚变化、地质构造和天然地震；开采技术因素有：煤层群开采形成的上覆煤柱、孤岛煤柱、爆破震动。对于冲击地压形成机理，国内外已有很多研究，经典的理论有：刚度理论、强度理论、能量理论、冲击倾向性理论、三准则理论和失稳理论等。这些理论从不同方面解释了煤（岩）体在应力作用下的失稳破坏过程，同时也指出，应力是导致冲击地压发生的最根本原因，而煤（岩）体发生冲击地压所受的应力包括地应力和扰动应力，所以监测和控制煤（岩）体中的应力对于冲击地压的研究和防治十分重要。在开采之前了解地应力场的分布，对于采区区域危险性评价，以及制定合理的防治措施具有重要意义。

鹤岗矿区位于黑龙江省东北部、小兴安岭南麓的鹤岗市。煤系地层厚达800~1200 m，含煤36层，其中大于3.5 m的厚煤层占75.5%。区域内矿井多采用立斜混合多水平开采的开拓方式，煤的硬度系数为1.4~3.0，多为高瓦斯矿井。自1981年以来，鹤岗矿区多个矿井发生过冲击地压。目前矿区的开采深度已延伸至500~1100 m，冲击地压形势进一步严峻。而深部高地应力以及采动叠加应力形成的高应力场是造成冲击地压灾害以及巷道大变形破坏的根本原因。

本书以鹤岗矿区为背景，针对现场地应力测量存在的一些问题，对地应力测试过程进行了优化，同时结合数值模拟计算方法，总结出一套地应力场分析方法。通过数值模拟分析了地应力场方向、最大水平主应力、最小水平主应力对采煤工作面超前区域能量场的影响，得到了地应力对冲击地压的影响规律。根据能量准则和最小能量原理，提出了冲击地压区域危险评价判据，并对鹤岗矿区进行了冲击地压危险区域划分。研究方法及研究成果对相关领域科研人员和生产管理人员有一定的参考价值。

黑龙江龙煤矿业控股集团有限责任公司横向项目“龙煤矿区冲击矿井地应力测试研究”、太原科技大学博士科研启动项目（20162019）山西省高等学校科技创新项目（201802088）、山西省重点研发计划项目（201603D121031）、山西省应用基础研究项目（201701D221236）为本书提供了支持和资助，中国矿业大学（北京）力学与建筑工程学院杨晓杰教授也对本书的完成提供了大力支持和无私帮助，在此一并致以最真挚的感谢。

由于作者水平有限，书中难免存在不当之处，恳请同行专家和读者批评指正。

作　者

2018年8月

目　　录

1 国内外研究现状

1.1 地应力测试方法的研究现状

国外的地应力测量和研究工作开展较早，1932 年，美国人劳伦斯（R. S. Lieurace）在胡佛大坝（Hoover Dam）运用岩体表面应力解除法首次成功进行了原岩应力的测量。随后，随着岩石工程的大量开展，地应力的测量越来越受到重视，地应力测量方法成倍增长。1951 年，迈耶（A. Mayer）等人首次运用扁千斤顶法对硐室地应力进行了测量。1954 年，哈斯特（Niles Hast）发明了压磁应力计，通过压磁感电流推算岩体中的应力。至此，通过测量钻孔内应力、应变来推算地应力方向、大小成为地应力测量的主流。1962 年，美国欧贝特（Obert, L.）等人研制出 USBM 钻孔变形计，用来测量钻孔应变计算地应力。1963 年，南非黎曼（Leeman, E. R.）研制出“CSIR 门塞式应变计”，通过测量孔底应变计算地应力。1976 年，南非科学与工业研究委员会（CSIR）研制出“CSIR 钻孔三轴应变计”，用来测量钻孔孔壁应变。20 世纪 70 年代初期，澳大利亚沃罗特尼基（G. Worotnicki）和沃尔顿（Walton）研制出一种空心包体应变计。20 世纪 80 年代初期，瑞典国家电力局（SSPB）研制出 Borre 包体应变计，并在后来的研究中，对空心包体应力计进行了改进，将数据采集系统合成在空心包体应力计尾部，解决了空心包体应力计安装受钻机型号限制的困扰。1995 年，日本学者 Y. Obara 和 K. Sugawara 研制出 CCBO（Compact Conical Ended Borehole Over-Coring System）钻孔应变计。哈伯特（M. K. Hubbert）和威利斯（D. G. Willis）在油井生产过程中，发现了岩石压裂时裂隙方向与地应力方向之间的关系。1993 年，海姆森（Haimson）对水压致裂地应力测量方法进行了详细的描述。1984 年，Cornet 和 Valette 提出了原生裂隙水压致裂法。同时期发展起来的地应力测量方法还有钻孔崩落法、钻进致裂分析法。通过钻取岩芯分析岩芯的力学性质来得到地应力的大小和方向，也是一类测量地应力的方法。这类方法包括 Kaiser 效应法（或声发射法）、应变曲线分析法、非弹性应变恢复法和变形率变化法。目前 Kaiser 效应法（或声发射法）的应用较为广泛，该方法是根据岩石在再次受到外力时发出的声发射信号来确定地应力的方向和大小。此外，发展的地应力测量方法还有地球物理法，它包括超声波测量法、核磁共振法和放射性同位素法等方法。2009 年，D. Ask 等人提出了综合确定法，认为应该综合分析多种测量方法的结果来确定地应力场。

我国关于地应力测量的研究起步较晚，1966 年，我国地应力测试正式起步，李四光教授带队研制了我国第一个压磁式应力计。

1981 年，KX-81 应力计诞生，该应变计由廖椿庭研究员研制而成，引进澳大利亚 CSIRO 应力计。

1979 年，36-2 型钻孔变形计由李光煜、白世炜研制成功，后经胡斌、章光改进，可一次钻孔测量三维应力。1987 年，经白世伟、方昭茹不懈努力，孔壁应变计研制成功。1994 年，谷志孟和葛修润测量了软岩中的地应力以及扰动应力，充分运用钻孔液压应力计突破了软岩中测量应力的难题。2004 年，BWSRM 地应力测量方法研制成功，这种方法是一种孔壁应力测量方法，与该方法配套的设备为一台测量机器人，该试验首次在锦屏 II 级水电站进行试验，取得了较好的效果。

1973 年，压磁应力计研究方面有了进一步的突破，YG-73 型应变计研制成功，该应变计由中国地震局下属的地壳应力研究所和中国地质科学院地质力学研究所联合研制，同时在 1981 年做了进一步改进，YF-81 型应力计诞生，并成功应用于地应力的长期监测。地壳应力研究所在国内首创先河，开展水压致裂法的研究工作。1980 年 10 月，在河北易县进行的水力压裂法测量地应力首次取得成功，自此水压致裂在中国得到了迅速的发展，目前测量深度已达 2000 m。2011 年，王成虎研究员提出了一种综合分析法，这种分析法主要利用断层力学分析法、原地应力实测和数值模拟综合分析工程区地应力场。

针对应力解除法测量数据易受温度影响的问题，北京科技大学蔡美峰教授提出了温度补偿的方法，使测量的精度进一步提高，并分析了地应力测量结果的影响因素：岩石的非线性、不均质性、不连续性和各向异性，提出了相应计算模型，发现了新的修正方法。2006 年，单回路水压致裂法深度地应力测量系统成功研制，并广泛应用于地应力测量的相关领域。

1984 年，长江科学院从瑞典引进 SSPB 应变计，通过研究深钻应力解除法测量地应力，并进行了多次现场应用。同年，该院的刘允芳研制了可以在单孔中测量三维地应力状态的 CJS-1 型钻孔应变计，后在进一步改进 CSRIO 型空心包体应变计的基础上，研制了 CKX-97 型空心包体应变计。2001 年，刘允芳又对 CKX-97 型空心包体应变计进行改进，成功研制了 CKX-1 型深孔空心包体式钻孔三向应变计，使得 500 m 的测量深度成为可能。

煤炭科学研究总院北京开采研究所研制了 SYY-56 型水压致裂地应力测量装置，其研制灵感来源于对水压致裂法的改进，以适用于煤矿井下巷道内的特殊条件。

1994 年，中国矿业大学的吴振业研制了 YH3B-4 型应变计，此应变计是对 CSRIO 型空心包体应变计的改进，并广泛应用于全国多个矿区，效果良好。

2010 年，何满潮院士提出了“点-面分析测试方法”，该方法主要分析区域地质构造体系，确定构造应力场演化规律，得出挽近构造应力场方向。同时为了验证地应力场方向是否准确，以及地应力的大小，而进行了现场地应力测量，并最终获得了区域地应力场的特征规律。

总而言之，近 50 年的地应力测量理论研究与实践创新，为我国地应力测量的长足发展奠定了坚实的基础。随着地应力测量理论研究的深入、工程项目中丰硕成果与宝贵经验的不断累积，关于地应力测量领域的研究将会更加深入、更加完善，以满足未来大规模工程设计的需要。

2003 年，国际岩石力学学会将应力解除法（使用 SSPB 钻孔应变计）和水压致裂法（包括原生裂隙致裂法）作为推荐的地应力测量方法。目前我国煤矿井下地应力测量中，应用较为广泛的方法是小孔径水压致裂地应力测量法以及空心包体应力解除法。

1. 小孔径水压致裂地应力测量法

小孔径水压致裂地应力测量法是由煤炭科学研究总院北京开采研究所研制的，其测量原理与一般水压致裂法的原理相同。在钻孔中寻找较完整的岩石，并在此附近进行封堵，在封堵段通过流体加压使岩体破裂，裂隙扩张，并记录压力随时间的变化曲线，由此来确定地应力的大小。地应力的方向由印模确定。

测试装备采用 SYY-56 型水压致裂装置，水压致裂钻孔直径为 56 mm，减小了钻孔变形给测量带来的麻烦，同时测量设备也相对减小，提高了测量施工速度，能较好地适应深部矿井的地应力测量。但是小孔径水压致裂地应力测量方法同时继承了水压致裂测量法的一些弊端，若要获得三维应力至少需要在 3 个不同方向上的钻孔中进行地应力测量。

2. 空心包体应力解除法

空心包体应力解除法是目前国内外最常用的地应力测量方法之一，空心包体应变计是 1 个外径为 36 mm 的中空的柱状圆筒，表面镶嵌有 3 个应变片花，3 个应变片花在圆筒壁上均匀分布，之间夹角均为 120°。每个应变片花由 4 个应变片组成。应力计顶端也安装一个应变片，主要用来消除温度对应变的影响。应变计在使用时需在其内部灌注以环氧树脂为基质的复合黏结剂，并在圆筒孔口装上锥形头柱塞，用铝销加以固定。当应力计被推进安装孔孔底时，铝销被剪断，黏结剂经柱塞内腔从锥形头侧流出填满安装孔，使得应力计与孔壁黏结在一起。在进行套孔解除时，岩芯受到扰动进行弹性恢复，应变采集仪可通过应变计上的应变片接收到岩芯弹性恢复的应变数据。根据岩石弹性条件下的本构关系，可反算出所测位置的地应力大小和方向。

空心包体应变计法具有操作简单、测量精度高、单孔可获得三维应力值的优点，但是在深部矿井地应力测量中，往往因为深部岩体复杂的结构性质导致空心包体安装失败，测量精度大打折扣。

1.2 地应力场反演的研究现状

地应力测量只能反映测试点的地应力特征，而不能说明一个区域的地应力场特征。对于地下工程的施工设计以及灾害防治，往往需要知道工程区域的地应力场特征。而限于实际施工、经费等问题，不可能在实际工程中进行大范围的地应力测量。因此，根据地应力测点的实测值，进行区域地应力场反演成为目前地应力研究的一个领域。

目前，许多学者针对地应力场反演问题进行了深入的研究，并在工程中进行了应用，取得较好的效果。地应力场反演方法如下：

（1）地应力场的应力函数趋势分析法。张有天、胡惠昌提出了以少数地应力测点数据为基础同时结合地表边界条件，采用四次多项式应力函数对地应力场进行趋势分析，即“地应力场的趋势分析方法”。该方法只能对二次应力张量场或在岩性相对单一的情况进行比较准确的描述。当地形起伏变化大、地质上有断层破碎带、应力变化剧烈且不连续、研究区域中有几种介质时，这时只能采用高阶应力函数法和在保证多项界面连续的情况下，采取分区拟合的方法对应力场的趋势进行分析。

（2）地应力场的应力函数拟合分析法。肖明提出了应力函数拟合分析法，采用正交多项式拟合一个应力函数，以此来反映工程区域的地应力场，拟合精度由多项式的项数决定。

（3）边界荷载调整法。采用边界荷载调整法对区域地应力场进行反演，首先需对模拟区域进行详细的地质调查，确定地质原型并以此建立数值计算模型，然后根据地质资料对区域地应力场进行量化分析，设置几组合理的边界荷载条件，对计算模型进行计算，直到得到的模拟结果接近地应力实测值，误差在合理范围内。

柴贺军、刘浩吾等通过地质资料分析，确定了大型水电工程坝区地应力量级，并以此设计了8组边界荷载条件，对坝区三维数值模型进行加载分析，得到了该坝区的初始应力场，模拟结果满足工程要求。

（4）有限元数学模型回归分析法。郭怀志等采用多元线性回归分析方法对岩体初始地应力场进行模拟，数学模型以勘探资料和试验资料为依据加以建立，采用概率论理论建立回归方程，并采用逐步回归的方法筛选影响初始地应力场形成的各个因素，得出主要影响因素的回归系数。冯紫良在此分析方法的基础上，对理论做了进一步的完善和发展，提出了在初始地应力的实测值中引入各因素综合影响的加权系数，使分析更加合理。

朱伯芳在郭怀志研究的基础上提出了确定大范围和小范围岩体初始应力场的几种地应力反分析方法，明显提高了回归精度和方法的适用性。

江权、冯夏庭等对锦屏二级水电站厂址区域的现今地应力场影响因素进行了分析，确定自重、x向挤压应力、y向挤压应力、x向水平剪切力、y向水平剪应力为研究区域地应力场的主要影响因素。运用神经网络分析方法确定研究区域地应力影响因素与计算模型边界条件的非线性关系，从而得到计算模型的边界条件，并对计算模型进行计算分析，得到锦屏二级水电站厂址的地应力场分布规律。

张延新、宋常胜、蔡美峰等采用水压致裂的方法对万福煤矿勘探区进行了地应力测量，并以测量结果为基础提出了有限元三维地应力拟合分析法，反演了万福煤矿勘探区的现今地应力场。通过建立合理的有限元数值模型，并运用多元线性回归方程以及最小二乘法确定了模型的边界条件，即铅直方向的应力和两个水平方向的构造应力。最终得到万福煤矿勘探区的现今应力场。

张勇慧、魏倩等根据大岗山水电站地下厂房的地应力实测值，运用多元回归方法，对地下厂房初始应力场进行了反演分析，并得到了地下厂房地应力场分布的一些规律。

黄耀光、王连国等认为影响地应力的各因素是相互关联的而非独立的，并基于这个理念建立“系统因素”三维数值模型，采用线性回归的方法反演了深部断层区域的地应力场，从而得到深部断层区域的地应力场分布规律。

（5）位移反分析法。位移反分析法是根据工程实际监测的位移资料来反算地应力场的大小方向。梅松华、盛谦等根据龙滩地下厂房区实验洞变形监测数据，对厂房区进行了地应力反演分析，使模拟位移与实测位移数值相当，趋势相当，从而得到了该区域的地应力场分布特征。

（6）基于非线性数学的地应力反分析方法。近年来，随着计算机的飞速发展，BP 神经网络、遗传算法、灰色理论等非线性数学方法的应用也逐渐融入地应力反分析方法中，许多学者运用非线性数学方法确定地应力反演模型的边界条件，并对研究区域进行地应力反演，取得了较好的成果。

蔡美峰、乔兰等以峨口铁矿矿区地应力测量值为基础，采用灰色建模理论建立了矿区地应力分布规律模型，并对矿区初始地应力场进行了反演分析。反演得到的地应力分布规律结果与采用水压致裂法和应力解除法两种测量方法得到的测量值和分布规律具有良好的一致性。

朱焕春等以河谷地应力场的成因为基础，利用三维弹塑性有限元法建立了数值计算模型，同时结合正交设计理论实现了对河谷区三维初始地应力场的数值模拟，也实现了对地应力测点处测量结果的合理评价，并将此方法成功应用于水力枢纽工程中，成功模拟出三维地应力场。

戚蓝、崔溦等根据灰色理论得到跨流域引水工程区的地应力场回归方程，并对该工程区域初始应力场进行了反演分析，取得了较好的效果。

易达、陈胜宏、葛修润提出了遗传算法与有限元联合的初始应力反演方法，并在实例中运用，计算结果合理。

周洪波、付成华采用两种方案，即神经网络与弹性有限元相结合，神经网络与弹塑性有限元相结合的方法对溪洛渡水电站工程区初始应力场进行反演，认为坝区岩体在弹性范围内或中地应力区时，采用神经网络与弹性有限元结合的方法反演初始应力场可满足工程要求。

李永松等采用 BP 神经网络与有限元分析相结合的方法，反演了阳江抽水蓄能电站的地应力场，取得了较合理的计算结果。

金长宇、马震岳等对比了 RBF 网络和 BP 网络在地应力反演中的应用，认为 RBF 网络与拉格朗日算法相结合反演区域地应力场更精确合理。

袁风波通过统计分析大量的地应力实测数据，得到地应力反演模型边界荷载的非线性函数表达式，并通过集成神经网络反演正算，建立了一种非线性反演新方法。将该方法应用于黄河拉西瓦水电工程河谷区的地应力反演中，得到了良好的应用效果。

蒋中明提出了基于人工神经网络同时结合有限变形理论进行初始地应力场三维反分析方法。梁远文等在分析地应力测试数据和建立地应力场模型的基础上，采用正交设计方法和神经网络对岩体地应力场进行了三维变形反演分析；刘世君等采用多项式分布表示的边界荷载对地应力场进行模拟，此方法可以模拟任意分布的复杂初始地应力场；石敦敦、李守巨、易达等在采用智能方法进行地应力反演方面也做了一定的研究。

（7）优化边界的地应力反分析法。郭明伟、李春光等通过建立最小残差平方和优化函数，优化反演模型的位移边界条件，使得监测点地应力计算值与实测值达到最优拟合，并将该方法在三峡工程地下厂房区域的地应力反演中应用，拟合效果较好。

贾善坡、陈卫忠等以地应力的两个侧压系数、计算模型应力场与地应力场方向的夹角为特征值表征计算模型的应力场，根据大岗山地质资料以及地应力实测值，建立三维地应力反演模型，运用 Nelder-Mead 法对模型边界条件优化，使计算应力值逐步逼近测点实测值，从而实现对大岗山水电站地下厂房的初始地应力场反演，得到了合理的地应力场分布规律。

闫相祯、王保辉等采用阻尼最小二乘法对地应力反演模型边界条件进行优化约束，使模拟计算结果和实测结果逐渐逼近，达到最优拟合。

郭运华、朱维申等根据实测地应力值回归拟合单元应力，再由单元应力反解节点应力，最后以节点应力为边界条件对计算模型施加荷载。该方法应用于大岗山水电站边坡工程，为该区域初始应力场反演提供了新方法。

Z. Khademian 基于地应力实测结果，采用混合数值模拟方法优化边界条件进行了三维地应力场反演，取得了良好的效果。

此外还有许多学者运用数值模拟方法分析了断层、油田、盆地等区域的地应力分布特征，得到了一些地应力场分布规律。

综上所述，目前关于地应力场数值模拟分析应用较多的方法为有限元数学模型回归分析法、位移反分析方法、基于非线性数学的地应力反分析方法以及优化边界的地应力反分析法。这些方法都是通过调整边界荷载以期监测点位置的位移或者地应力值与实测值一致，从而得到研究区域的地应力场分布特征。这些方法在水利水电工程中应用良好，取得了一定的研究成果。

1.3 地应力对冲击地压影响的研究现状

余德锦、孙步洲、梁政国、齐庆新等根据陶庄矿断层岩移观测数据，分析了该矿的构造应力特征，同时论述了构造应力与冲击地压的关系，指出在构造应力区当工作面的回采方向与构造应力方向为顺向时，冲击地压发生的概率变小。

张宏伟、王志辉等运用地质动力区划方法，分析了抚顺老虎台矿和潘西矿区的断裂构造，同时通过地应力测量和数值模拟的方法研究了该区域的地应力分布状态，认为断裂构造是该矿的冲击动力灾害发生的重要原因。

杜平运用地质动力区划方法研究了长沟峪井田的冲击地压分布特征，同时提出了冲击动力系统的概念，分析了冲击能量与冲击动力系统半径之间的关系，对冲击地压的预测和防治具有重要的研究意义。

陈蓥、张宏伟等详细阐述了矿山工程区域地质动力环境评价方法，根据地质动力区划方法对研究区构造带进行划区，用构造凹地反差强度、地形曲率变化评价矿山工程区域地质动力环境；并将此方法在阜新矿区进行应用，阜新矿区已发生冲击地压地点均分布在动力影响区域内。

兰天伟、张宏伟、韩军等分析京西矿区的地质构造演化规律，运用地质动力区划方法和构造凹地反差强度法对研究区域进行了动力灾害评价。

韩军等运用空心包体应力解除法对开滦矿区进行了地应力测量，并分析了地应力分布与区域构造之间的关系，认为该矿地应力场受开平向斜控制，在向斜轴部地应力值高，容易引发煤岩动力灾害，远离向斜轴部地应力值减小。

陈学华等运用地质动力区划的方法，对研究区域内断裂构造进行分析划区，并通过地应力测量和数值模拟分析研究区域内的初始应力状态，从而确定区域动力灾害危险区。同时分析次生应力的影响，为矿井安全生产提供依据。

王存文、姜福兴等通过对典型冲击地压案例分析，认为断层、褶皱、相变等构造区域存在残余构造应力，集聚有大量的弹性能，进行开采活动时容易诱发冲击地压。

姜福兴、苗小虎等采用微震监测的方法研究了构造控制型冲击地压，并将其分为减压型和增压型两种类型。同时提出了这两种类型冲击地压的监测预警方法。

王本强研究分析了水平构造应力对底鼓型冲击地压的影响，认为水平构造应力与坚硬底板是引起底鼓型冲击地压发生的主要原因。

尹光志等在砚石台煤矿进行了地应力测量，并通过数值模拟计算得到了矿区地应力场分布规律，根据室内试验以及现场经验确定了6号煤层的“三准则”冲击地压判据，对砚石台煤矿进行了危险区域划分，现场实际冲击地压发生位置基本落于危险区域内，证明该评价方法合理。

刘飞采用AE法对东滩煤矿进行了地应力测量，同时通过数值模拟、室内实验的方法确定了该矿3号煤层的“三准则”冲击地压判据，以此对3号煤层进行了冲击区域危险性评价。

乔伟、李文平对徐州张小楼矿井进行了地应力测量，并通过地应力反演得到张小楼矿井的深部地应力分布规律，同时通过室内试验确定了张小楼煤矿7号和9号煤层的冲击倾向性，并根据冲击地压“三准则”原理对该矿7号和9号煤层进行了冲击区域危险性评价。

王宏伟通过数值模拟研究了不同应力场对孤岛工作面冲击地压的影响，认为水平应力的增加会增加孤岛工作面前方的支承压力，并且使支承压力的影响范围扩大，冲击危险区域扩大。

陈学华通过 RFPA 软件建立模型，模拟底板冲击地压显现，研究了侧压系数以及底板结构对冲击地压的影响，提出了临界水平主应力的概念以及底板构造型冲击地压发生的判据。

1.4　存在的问题

地应力作为地下工程施工设计以及影响地质动力灾害的一个重要因素，一直以来深受人们的重视。关于地应力及其对地质动力灾害影响的研究已有 80 多年的历史，随着科技的发展进步，地应力测量方法以及地应力场反演分析方法都有了跨越式的发展。同时随着人类地下工程活动的开展，所遇到的工程问题也愈发复杂严重，给施工安全带来很多麻烦。就煤矿而言，随着开采强度和深度的增加，冲击地压在现在的开采活动中频繁发生，严重阻碍着煤矿生产的安全发展。其中地应力作为矿井冲击地压灾害发生的根本力源，深受国内外学者重视，并对其进行了深入研究，取得了丰硕成果。但目前随着开采深度的进一步增加，地质环境进一步恶化，原有研究成果不适用于深部地下工程。通过对国内外研究现状进行分析，目前关于地应力研究及其对冲击地压的影响仍存在着以下问题：

（1）空心包体应力解除法虽然有着操作简单、精度高，单孔即可获得三维应力的优点，但在深部煤矿现场地应力测试过程中出现一些现场施工技术问题，导致空心包体安装成功率低，测量结果误差大。

（2）目前的地应力场数值模拟分析方法多应用于水利水电工程，其研究区域小，地质构造简单，运用线性回归分析方法、非线性数学方法、优化函数等方法即可得到合理的边界条件，对研究区域进行地应力场数值模拟。但对于复杂地质条件且大范围的地应力场反演，现有的地应力场数值模拟分析法显得有些不适用。

（3）目前地应力对冲击地压的影响研究多侧重于研究侧压系数对冲击地压的影响，而且侧压系数多是指最大水平主应力与垂直应力的比值，而地应力是由最大水平主应力、最小水平主应力和垂直主应力组成，忽略最小水平主应力来研究地应力对冲击地压的影响显得不够全面。

2 鹤岗矿区地质构造特征分析

2.1 地质概况

2.1.1 自然地理位置

鹤岗矿区位于黑龙江省鹤岗市，处于小兴安岭东南麓。矿区南北长 100 km，东西宽 28 km，总面积约 2800 km^2。矿区地表平均标高为 290 m，标高范围：250~340 m。全区呈现为西部南部高，北部东部低的地势形态。

矿区内地表径流较少，在矿区西南部有一条小石头河，流量为 0.3~1.5 m^3/s，不影响区内水文条件。同时区内有多条季节性河流，雨季集水，雨后干涸。

矿区属高寒温带大陆性季风气候，四季分明。春季降水少，易干旱。夏季炎热多雨。秋季温差大，常发生冻害。冬季酷寒干燥。年平均温度为 1.0~4.6 ℃，降水量为 615.2 mm。

鹤岗盆地为地震活动区，有 3 个地震活动带：凤翔—兴东—四方山地带，尚志—石头庙子地带和汤源—裕德地带，地震活动频繁，未发生大的地震灾害。

2.1.2 地层岩性

鹤岗煤田的盆地基底由元古代变质岩系（片岩、片麻岩）、混合花岗岩和华力西期花岗岩组成，元古代以后一直处于隆起剥蚀状态。早白垩世早期开始沉积鹤岗群煤系地层。区内地层主要有前古生界、中生界下白垩统鹤岗群、中生界下白垩统桦山群、中生界上白垩统、新生界古近系宝泉岭组、新生界新近（第三）系、新生界第四系。煤系地层为中生界下白垩统鹤岗群石头河子组和石头庙子组。其煤系地层可概述如下：

（1）石头河子组（K1s）。该层为主要含煤地层，含煤地层 40 余层，可采或局部可采煤层 36 层。主要由砾岩、砂岩、泥岩、凝灰岩和煤组成。可分为 3 个岩段。

①北大岭段（K1s^1）。该段主要由灰白色砾岩、中粗粒砂岩、灰色细砂岩夹粉砂岩、泥岩和煤层组成，岩性以粗~中砂岩为主，并夹有多层凝灰岩及凝灰质岩石。

②中部含煤段（K1s^2）。该段石头河子组主要含煤岩段，以灰白色中粗砂岩、

细砂岩为主，夹灰黑色粉砂岩、泥岩及煤层。

③富力段（$K1s^3$）。该段主要分布于峻德矿以北地区，岩性为灰白色砾岩、砂砾岩、中细砂岩，灰黑色粉砂岩夹凝灰岩及煤层。

（2）石头庙子组（K1st）。该层含煤性较差，由灰白～黄褐色砾岩，灰色和灰褐色砂岩、粉砂岩、灰黑色泥岩夹灰绿色凝灰岩等组成，厚度为 600～955 m，含煤 5～18 层，局部可采 4～5 层。可分为两个岩段。

①南岭砾岩段（$K1st^1$）。该段在鹤岗南山较发育，厚度为 200～800 m，平均 450 m，砾岩由砂质及硅质胶结，质地坚硬，平均砾径为 5～7 cm。

②二龙山砂岩段（$K1st^2$）。该段整合于南岭砾岩段之上，在石头庙子区、二龙山南部最发育，共含煤 18 层，局部可采 4～5 层，岩段厚度为 155～716 m。

2.1.3 地质构造

鹤岗盆地为中新生代断陷盆地，在大地构造位置上处于吉黑褶皱系佳木斯地块的西北部。东侧有三江—穆棱河拗陷，西侧有青黑山断裂，东南部有依兰-伊通断裂通过。依兰-伊通断裂为郯庐断裂的北延分支，中生代晚期，新生代初期活动强烈。

1. 褶皱构造

鹤岗盆地为一单斜构造，走向近南北，倾向向东，倾角为 15°～35°。区内褶皱基本不发育，局部有短轴向背斜发育，见于新陆矿、南山矿。

2. 断裂构造

矿区内断裂构造十分发育，落差大于 70 m 的断裂有 167 条，断裂构造相互复合叠加，区内构造格局十分复杂。断裂构造按其力学成因可分为压性、压扭性、张性、张剪性及张扭性断裂等多种；按其展布方向又可分为东西向、南北向、北东向、北西向等多组。

鹤岗矿区构造如图 2-1 所示。

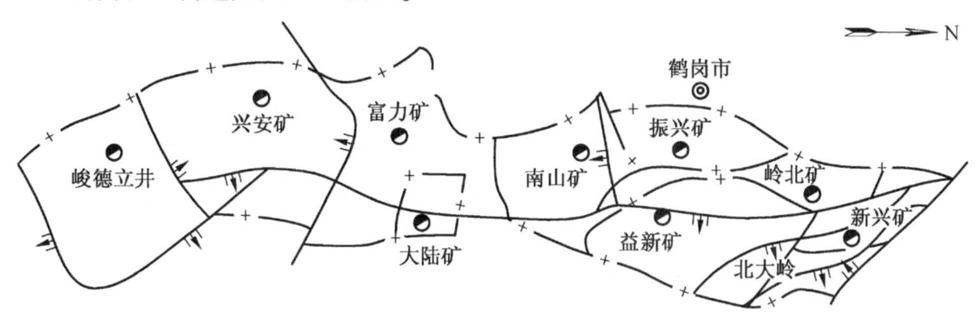

图 2-1 鹤岗矿区构造示意图

2.1.4 区域构造背景

鹤岗煤田含煤地层系早白垩世石头河子组，经历了燕山运动和喜山运动。鹤岗盆地构造布局受燕山中期、燕山晚期、喜山早期、喜山中期、喜山晚期的构造活动影响。

燕山中期，太平洋板块自南东向北西俯冲欧亚板块，在中国大陆东部形成北西向的构造应力场。同时，位于鹤岗盆地东南部的依舒断裂大规模左行走滑运动，而鹤岗盆地位于依舒断裂的弯曲部，左行走滑运动在鹤岗区域形成北西向的张拉环境，从而形成半地堑式断陷盆地，受SN向断裂控制。

燕山晚期，位于日本板块和东亚板块之间的库拉板块消失，太平洋板块直接向东亚大陆俯冲，使得东北地区处于NW—SE向张拉环境中，鹤岗区域受NW—SE向构造应力场影响。同时鹤岗区域发生大规模的火山喷发，受NNE、SN向断裂构造控制。

喜山早期，受印度板块、欧亚板块和太平洋板块的相互作用影响，东北古大陆莫霍面状态发生改变，地幔对流调整。受这些因素影响，东北地区构造应力场由北西西向转变为北东向，同时引起依舒断裂由左行走滑运动转变为右行走滑运动。

喜山中期，始新世早期，库拉板块消失引起太平洋板块运动方向的转变，由北北西向转向北西西向。这部分的应力作用由东向西持续传递，影响鹤岗盆地构造应力场。

喜山晚期，受地球自转影响，太平洋板块推动东北板块向南西西向运动，最终遇到青藏板块，被其阻碍，在东北板块形成北东东—南西西向的构造应力场。

2.2 典型冲击矿井工程地质力学分析

2.2.1 峻德煤矿工程地质力学分析

峻德井田位于鹤岗煤田南端，井田褶皱简单，煤系地层为一走向北北东，向东倾斜的单斜构造，倾角为25°~35°，一般为30°，沿局部有波状起伏。井田内断层构造发育，共有128条断层，断层性质多为张性、张扭性正断层，其中落差大于30 m的有62条，落差为15~30 m的有27条，剩余断层落差小于15 m，且多数断层与第四系直接接触。

矿区内断裂构造可分为两组，一组为南北向断裂，一组为东西向断裂。往往南北向断裂被东西向断裂切割。矿区内形成有帚形构造，构造性质为张扭性兼扭性正断层，旋转由外向内，F7为主要断裂构造，与其并行发育的有F2、F5、

F6、F8、F9、F15和L1。其中内弧断裂F2、F5、F6、F8弧形较小，被F7切割。弧形外围发育有F9和F15。在井田北侧，与兴安矿的边界处发育有F1断层，井田内的主要断层F7在井田北侧被F1断层切割。

井田为单斜构造，走向南北，倾向向东。边界发育的两条断裂构造F1和F7为峻德煤矿的主要构造。以F7为主的断裂组受燕山晚期和喜山早期构造运动以及依舒断裂的右行走滑运动影响，表现为张扭性兼扭性，其动力背景为：位于日本和东亚大陆板块之间的库拉板块消失，太平洋板块以NWW方向向东亚大陆俯冲，在东北地区形成NW—SE向的张拉构造应力场。F1断裂为一东西向断裂，受喜山晚期构造运动影响，表现为张性正断层。喜山晚期的构造运动背景为：太平洋板块对中国大陆板块进行北东东向的推挤，使得中国大陆板块向南西西方向运动，同时受到青藏板块的阻挡，在东北地区形成北东东—南西西向的构造应力场。

峻德煤矿地质构造如图2-2所示。

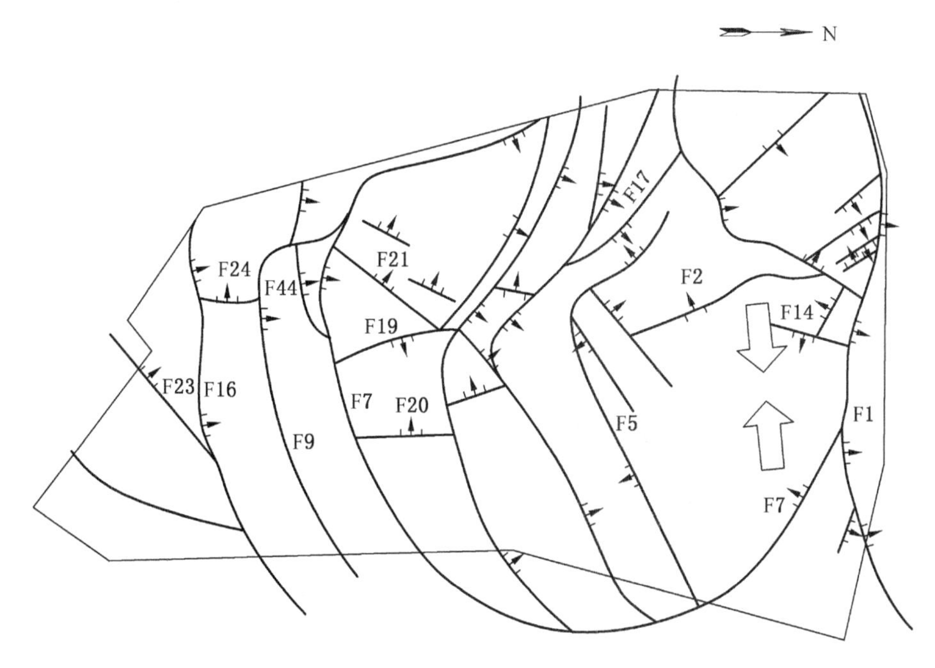

图2-2　峻德煤矿地质构造示意图

峻德井田的构造主要受燕山晚期-喜山早期和喜山晚期构造运动影响。从井田构造切割关系上看，受燕山晚期-喜山早期构造影响的F7断裂组在井田北侧边界处被 F1 切割，F1 断裂构造为峻德矿区的主控构造，矿区构造应力场受喜山晚期的构造应力场影响，构造应力方向为北东东—南西西向。

2.2.2 兴安煤矿工程地质力学分析

兴安煤矿地层走向为 N10°~18°E，在南部区域走向转为北西向，矿区地层总体倾向向东，为一单斜构造。倾角为 15°~35°，一般为 25°。井田中部构造简单，两翼构造复杂。断层主要分布在井田两翼边界处，断层多属张性和张扭性断裂。按走向方向可将断层分为 3 类：贯穿南北的弧形断层，断层为正断层；另如 F1、F2、F3 等；北西向断层，如 F7、F14、F13、F27、F10、F17、F5、F6、FSF9、FSF7、F12、FS、SFB 等，其中，F12、FS、SFB 为压扭性逆断层，其余为正断层，F7 断层为 F1 断层的伴生断层；北东向断层，断层为正断层，性质表现为张扭性，如 F4、F11 等。

兴安煤矿地质构造如图 2-3 所示。

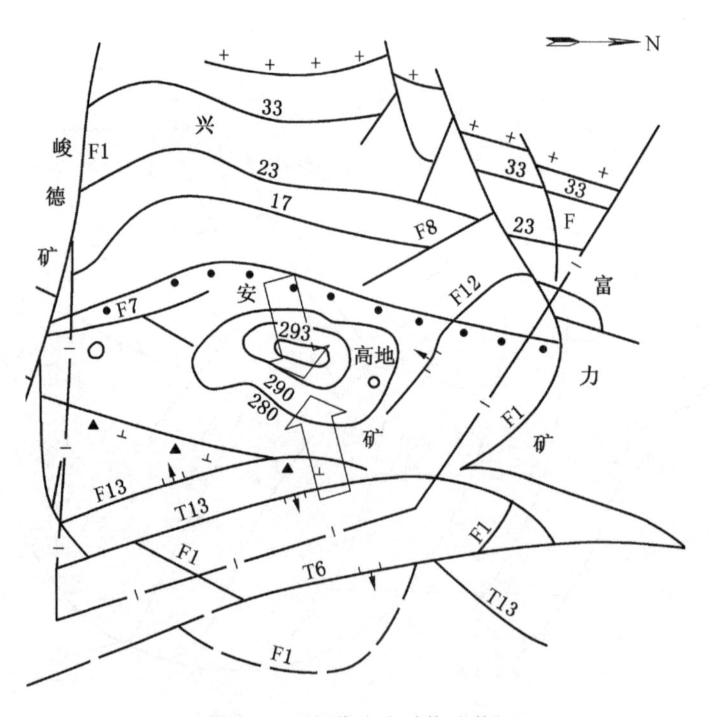

图 2-3 兴安煤矿地质构造简图

从图 2-3 可以看出，区域内发育的北北西向的压性断裂（T6），以及北东向张扭性断裂和北西向压扭性断裂，为配套构造体系，受喜山晚期构造运动影响。

其动力背景为太平洋板块对中国大陆板块进行北东东向的推挤，使得中国大陆板块向南西西方向运动，同时受到青藏板块的阻挡，在东北地区形成北东东—南西西向的构造应力场。因此确定本区域的构造应力场为北东东—南西西向。

2.2.3 富力煤矿工程地质力学分析

富力井田地层为一走向南北，倾向向东的单斜构造。地层倾角为 15°~25°。井田内褶皱不发育，发育有多条断层。断层以正断层为主，根据断层空间展布规律可将断层分为 3 组：一组为走向北东东的断层，走向为北东 65°~70°，断层倾角大，一般为 55°~85°，为正断层；另一组断层走向北北东向，走向为北东 5°~25°，为正断层；最后一组断层走向为北西向，在井田内分布较少。区域内断层多为张扭性断层。

图 2-4 所示为富力煤矿地质构造简图，由图可以看出，北西向断层被北北东向断层切割，北北东向断层被北东东向断层切割，由此可知，北东东向断裂构造为富力矿区最近一期构造运动的产物，受喜山晚期构造运动的影响，矿区内的北东东向断裂结构面具有张扭性。从而确定富力矿区的挽近应力场方向为北东东—南西西向。

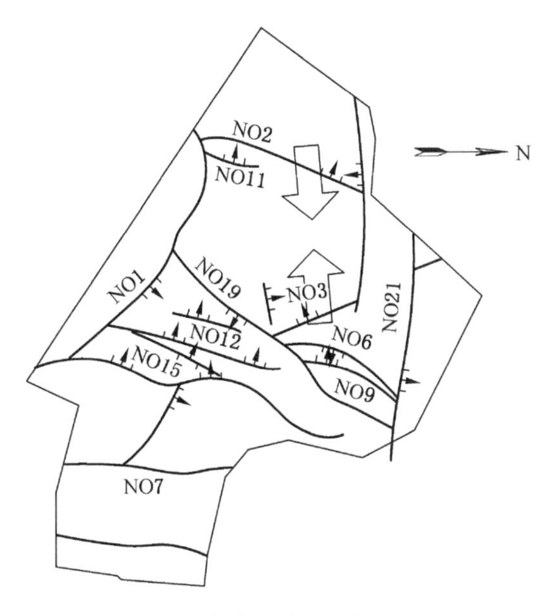

图 2-4 富力煤矿地质构造简图

2.2.4 新陆煤矿工程地质力学分析

新陆煤矿位于鹤岗煤田中部，煤系地层整体走向为北北东向，倾向南东，为一单斜构造。井田中部及东南部分布有小型褶皱。矿井共发育有多条断层，正断层、逆断层、平推断层均有分布。

1. 褶皱

井田地层走向北北东，倾向南东向，整体为一单斜构造。在井田中部及东南部发育有小型褶皱构造，均为背斜构造。按背斜轴向走向可将其分为两组，一组为轴向北西向的背斜，另一组为轴向北北西向的背斜。

2. 断裂构造

井田内断裂构造较为发育，正断层、逆断层、平推断层均有分布。根据断层构造行迹的空间展布以及切割关系，断层可分为三期：第一期断层构造以 T8 断层为主，结构面走向为北东向，倾向较小，倾角为 5°～15°，为逆断层，主要在新陆井田浅部发育；第二期断裂构造一般为逆断层，结构面倾角大，为 65°左右，走向北北东向，倾向南东向，落差为 50～200 m，该期断层以 T7、T13、T14、T35 为主，派生有 F20、F8、F20、F8、F7、T15 等断层，切割 T8 断层；第三期构造为平推断层，以 T9 断层为主，派生有 F31、F32、F17 等断层，切割井田内所有倾斜断层。

新陆煤矿构造主要受喜山造山运动的影响，在喜山运动早期，受太平洋板块俯冲东亚大陆板块的影响，鹤岗盆地区域构造应力场为北东—南西向主压应力场。在该应力场的作用下，新陆煤矿中北部以及东南部形成了轴向为北西向的小型褶皱，同时伴有北东向的断裂构造，如 T6、T7、T8、T13、T14、T35 以及派生断层 F20、F8、F20、F8、F7、T15 等。在喜山运动晚期，太平洋板块推动中国大陆板块向南西西方向运动，同时受到青藏板块的阻碍，在鹤岗盆地形成了北东东—南西西向的挤压应力场。在此阶段，新陆矿区的应力场由北东向转为北东东向，在井田的中部形成了走向北北西向的小型褶皱，使得部分断裂构造性质发生转变，如 T6、T7、T8。同时使平推断层 T9 发生右行走滑运动，切割了矿区内的倾斜断层。由此分析可知，北东东—南西西向的挤压应力场为新陆井田的现今构造应力场。

新陆煤矿地质构造简图如图 2-5 所示。

2.2.5　南山煤矿工程地质力学分析

南山矿区地质构造复杂，井田东部和西部煤系地层走向为北北东，倾向南东东，倾角为 10°～35°。井田中部发育有一轴向北东向的短轴向斜，南部发育有一小型背斜，轴向北东向，北部南 5 断层附近发育有一轴向南东向的背斜。

井田内断裂构造极为发育，东部和西部区域断裂构造密集复杂。矿区内断裂构造共有 140 多个，结构面走向多为北东向。其中落差大于 20 m 的断层有 20 多

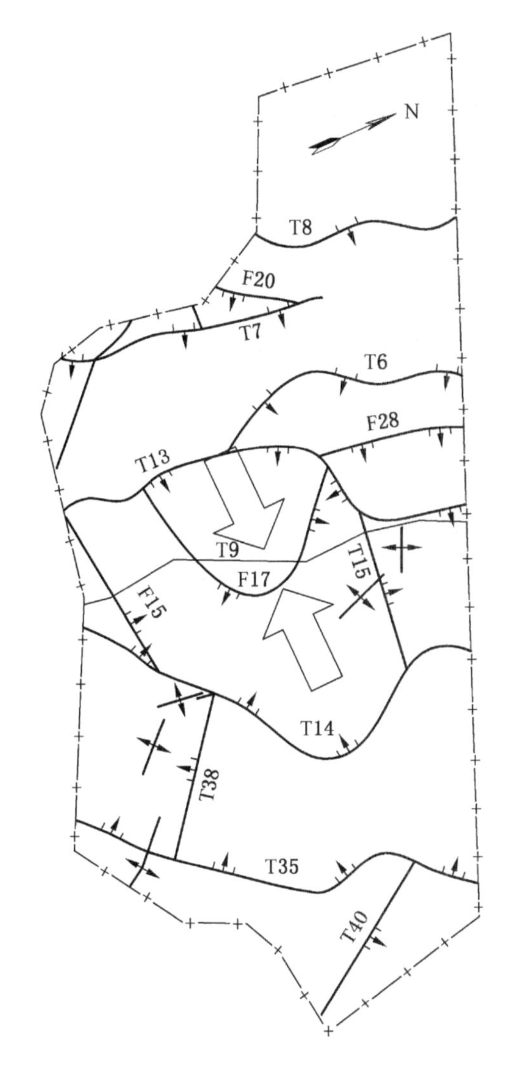

图 2-5　新陆煤矿地质构造简图

条，大于 5 m 的有 85 条之多。其矿区构造简图如图 2-6 所示。

井田内构造受喜山造山运动影响明显，受喜山早期运动影响，在井田北部形成了走向为北西—南东的背斜，同时伴随有北东向张断裂构造发育，南 5 逆断层东段在该时期发育。在喜山中期的构造活动中，受北西向主压应力的影响，在井田中部以及南部形成了轴向北东向的向斜和背斜，南 5 逆断层西段在该时期得以继承发育，走向由北西向向北东向扭转，同时切割了井田内其他断裂构造。根据井田内各构造之间的切割关系，南 5 断层在井田北部切割了走向北北东向的断裂构造，为最近一期构造活动形成的断裂构造。由此可以推断，南山矿区的构造应力场受喜山中期构造应力场控制，构造应力场方向为北西—南东向。

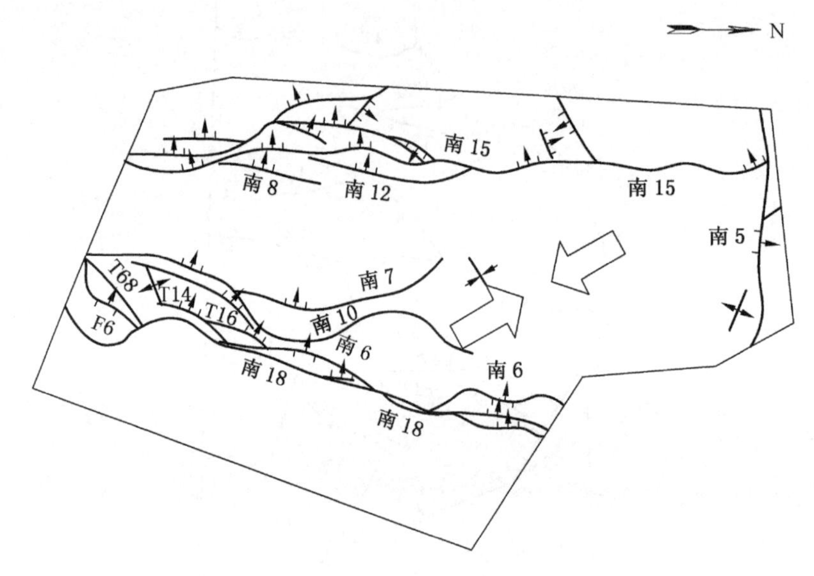

图 2-6　南山煤矿地质构造简图

2.2.6　益新煤矿工程地质力学分析

益新煤矿位于鹤岗矿区的东北部，煤系地层呈开阔的向斜和背斜，地层走向呈反 S 形，由南向北分别以 18 号勘探线、1 号勘探线和 2 号勘探线为界，可将地层走向分为 3 个区域进行描述，18 号勘探线以北，煤层走向为北西 10°；18 号勘探线到 1 号勘探线之间，煤系地层走向为北东 20°~40°；2 号勘探线以北地层走向为北东 10°至北西 15°。在井田开阔褶曲轴附近，发育有密集的断裂构造。

益新煤矿构造如图 2-7 所示。

井田内发育有 203 条断层，落差大于 50 m 的断层有 58 条，落差在 20~50 m 之间的断层有 104 条。根据断裂构造的空间展布情况，可将益新煤矿的断层分为 4 组：

（1）走向近南北向的断层，倾角平均为 55°，向东倾斜，落差为 60~120 m。

（2）走向北西向的断层，以 F27 为主，走向为北西 30°~40°，倾角为 50°~

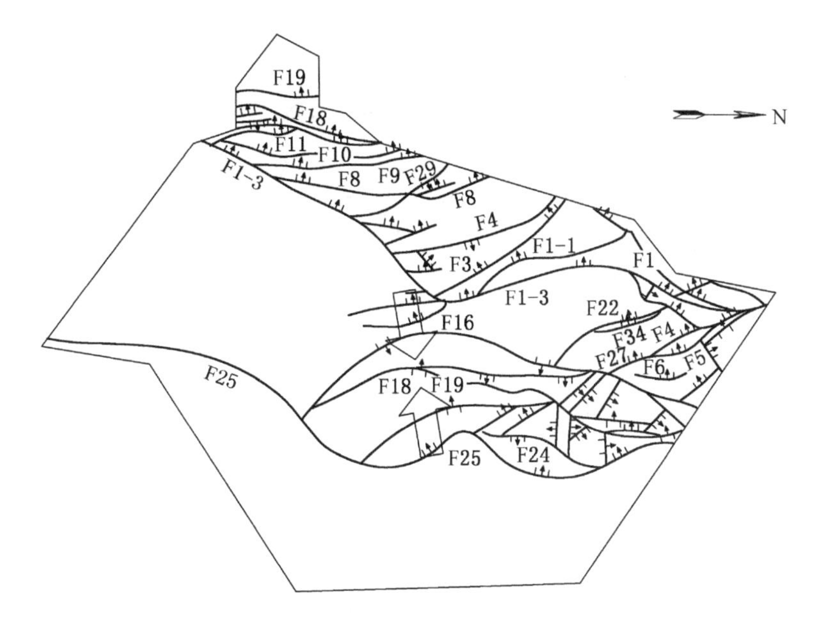

图 2-7 益新煤矿构造简图

65°，落差为 30~80 m，断层分布密集，倾向各异。

（3）走向为东西向的断层，断层沿走向不发育，走向较短，倾向向北，倾角为 50°~60°。

（4）走向为北北东或北东向的断层，多为正断层，同时分布有 3 条逆断层，如 F16、F18、F19 等，走向为北东 15°~30°，倾角为 20°~45°，落差约 80 m，同时分布有正断层 F160。

益新矿井田构造受燕山中期近南北向构造应力场影响，矿区煤层走向呈反 S 形，为开阔的向斜和背斜，井田构造经历了燕山早期、燕山晚期、喜山早期、喜山中期、喜山晚期的构造运动改造，在矿区内形成了南北向、东西向、北东向、北西向断裂构造，其中北东向构造切割了其他走向的断裂构造，为益新矿区最近一期构造运动的产物。北北东向断裂构造多表现为逆断层，如 F16、F18、F19 等，北东向断裂构造为其配套构造，多表现为张扭性，受喜山晚期运动影响。因此矿区的现今构造应力场方向为北东东向。

2.2.7 兴山煤矿工程地质力学分析

兴山矿井地处鹤岗煤田的最北侧，井田内断层密集发育，总体形成了一个向南散开，向北收敛的旋扭构造，如图 2-8 所示。

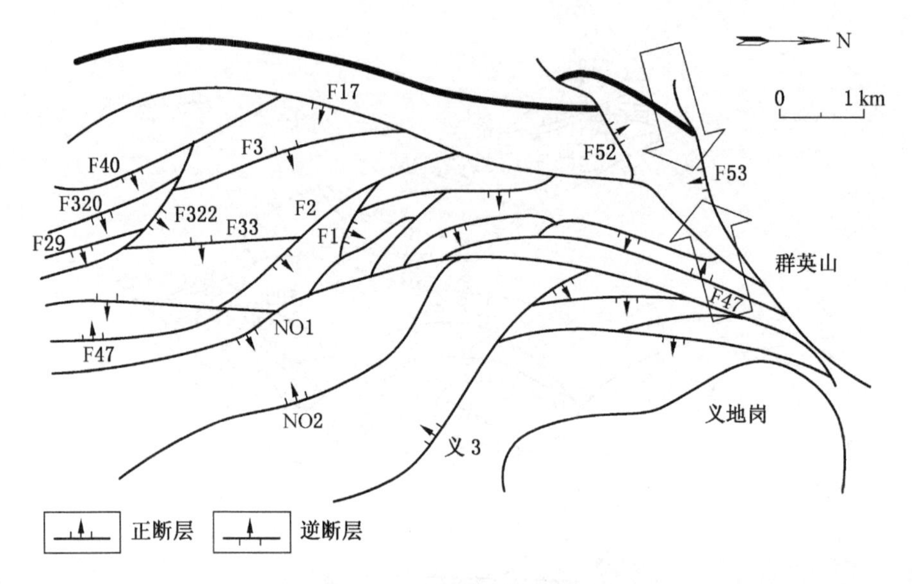

图 2-8 兴山煤矿构造纲要图

兴山煤矿主干构造形成于四川运动时期，走向为北西向，以正断层为主，经后期的燕山期和喜山期构造运动影响，在主干断裂构造之间形成多组断层，将煤层切割成若干小块，其中在井田南部发育的 3 条逆断层（F33、F3、F8）与北部走向北东东向的正断层（F52、F53）为配套构造，切割了井田内走向近南北的断裂构造，是最近一期构造活动的产物。其构造应力场受喜山晚期北东东—南西西向构造应力场影响明显。因此，兴山矿区的现今构造应力场方向为北东东—南西西向。

2.3 鹤岗矿区工程地质力学分析

2.3.1 鹤岗矿区古构造应力场

鹤岗矿区共经历了 5 期构造活动，分别为燕山中期、燕山晚期、喜山早期、喜山中期以及喜山晚期。

1. 燕山中期的近南北向主压应力场

燕山中期，鹤岗盆地构造应力场方向为南北向。受构造应力影响，鹤岗盆地发育有南北向张性断裂以及东西向压型断裂。依舒断裂在燕山中期发生左行走滑运动。

2. 燕山晚期的北西西向主压应力场

燕山晚期，鹤岗盆地主压应力场方向为北西西向，在盆地内形成了北西西向张断裂，以及北东、北北东向逆断层。形成的北东向、北北东向逆断层主要分布在鹤岗矿区中部，并且配套有北西向及北东向剪切断裂，并可能使燕山中期形成的南北向张断裂转化为逆断层。

3. 喜山早期的北东向主压应力场

喜山早期，受北东—南西向的主压应力作用，依舒断裂北西—南东向引张，同时由左行走滑运动转变为右行走滑运动。在鹤岗盆地内形成北西向逆断层，北东向的张断裂以及北北东向或北东向剪切断裂。

4. 喜山中期的北西向主压应力场

喜山中期，鹤岗盆地主压应力场方向为北西向，受该主压应力的影响，古近系地层形成了北东向褶曲。同时依舒断裂在鹤岗区域内表现为先张后压的性质。本期发育有多条北西向张性断裂，切割了以前各期构造。

5. 喜山晚期的北东东向主压应力场

喜山晚期，鹤岗盆地主压应力场方向为北东东向，控制着第四纪的沉积。

2.3.2 鹤岗矿区工程地质力学分析

鹤岗矿区煤系地层为一单斜构造，走向近南北，倾向向东，倾角为 15°~35°。区内褶皱基本不发育，局部有短轴向背斜发育，见于新陆矿、南山矿。

矿区内断裂构造十分发育，落差大于 70 m 的断裂有 167 条，断裂构造相互复合叠加，区内构造格局十分复杂。断裂构造按其力学成因可分为压性、压扭性、张性、张剪性及张扭性断裂等；按其展布方向又可分为东西向、南北向、北东向、北西向等。

根据地质力学分析，鹤岗矿区构造演化过程如下：

（1）燕山中期，受近南北向构造应力场影响，在鹤岗矿区中部及北部形成大量的南北向正断层，此为鹤岗矿区煤系地层分布最为广泛的断裂构造。

（2）燕山晚期，构造应力场由近南北向转为北西西—南东东向，在矿区内形成北西西向张性断裂，该期构造活动对鹤岗矿区构造影响不明显，仅在鹤岗局部区域形成北西西向，近东西向张断裂，如益新矿区局部发育有北西西向、近东西向正断层。

（3）喜山早期，鹤岗矿区构造应力场方向为北东向，受该期构造应力场的影响，鹤岗矿区新陆矿和南山矿形成了北西向小型褶皱，如新陆矿中北部和东南部的北西向背斜，南山矿北部的北西向背斜，同时本期内，鹤岗矿区形成了大量的北东向张断裂，分布范围遍及整个鹤岗矿区。依舒断裂在喜山早期由左行走滑运动转变为右行走滑运动，在鹤岗矿区南部峻德矿形成帚形构造，构造性质为张扭性兼扭性正断层，旋转由外向内。

（4）喜山中期，鹤岗矿区构造应力场由北东向转为北西向，在南山矿区中部和东南部形成短轴向背斜，并形成大量北西向张断裂。如峻德矿中部、兴安矿北部发育有北西向正断层。

（5）喜山晚期，鹤岗矿区构造应力场方向为北东东—南西西向，受该应力场影响，在鹤岗矿区峻德矿、兴安矿、富力矿形成了北东东向张性张扭性断裂、北北西向压性断裂，同时对北西向断裂进行改造，部分断裂构造性质变为张扭性。在益新矿形成北北东向压性断裂，并在新陆矿形成北北西向的短轴褶曲构造，配套有北东向平推断层的形成。这些构造切割了矿区内其他时期形成的构造，为最近一期构造活动的产物，控制着鹤岗矿区的现今构造应力场。

综上所述，鹤岗矿区构造应力场受喜山晚期构造应力场影响明显，矿区构造应力场方向为北东东—南西西向。局部区域受喜山中期构造应力场控制，如南山矿区。构造应力场方向为北西—南东向。

2.4 本章小结

本章运用地质力学的方法，详细分析了鹤岗矿区各冲击的矿井的地质构造演化规律，以及不同期次的构造活动对鹤岗矿区构造应力场的影响，从而得到了鹤岗矿区各冲击矿井的现今构造应力场方向。在分析鹤岗矿区各冲击矿井地质构造运移演化规律的基础上，对鹤岗矿区的构造演化规律进行了分析，得到了鹤岗矿区现今构造应力场特征。主要结论有：

（1）鹤岗矿区煤系地层共经历了5期构造活动，其中喜山晚期构造活动对矿区现今构造特征影响明显，在矿区内形成了北北西向短轴褶曲构造、北东东向张性张扭性断裂、北北西向压性断裂、北北东向压性断裂以及北东向平推断层。这些构造切割了鹤岗矿区内的其他构造，控制着鹤岗矿区现今构造应力场。因此，鹤岗矿区现今构造应力场受喜山晚期构造活动影响明显，构造应力场方向为北东东—南西西向。

（2）鹤岗矿区局部区域受喜山晚期构造活动影响较小，如南山矿区。南山煤矿井田中部以及南部形成的北东向向背斜，为矿区现今构造应力场的主控构造，受喜山中期构造应力场控制，构造应力场方向为北西—南东向。

鹤岗矿区构造应力场分析结果如图2-9所示。

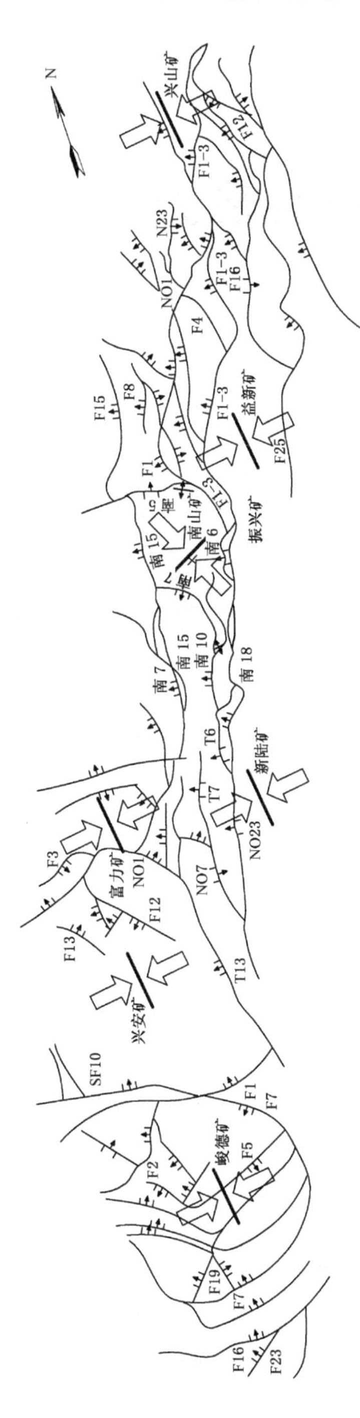

图2-9 鹤岗矿区构造应力场分析结果图

3 深部地应力原位测量

3.1 引言

原位地应力测量是获取一个地区地应力状态最有效、最直接的手段，其测量方法有许多种。目前应用最为广泛的测量方法是水力压裂法和应力解除法。在煤矿现场地应力测试中，小孔径水压致裂测量技术和空心包体应力解除法得到了较为广泛的应用。小孔径水压致裂测量技术是由煤炭科学研究总院北京开采所研制的，水压致裂测试孔孔径只有 56 mm，大大减小了钻孔变形给测试带来的麻烦，同时减小了测试装置的大小，提高了测试施工速度。利用这种方法进行地应力测量时不需要知道岩石的物理力学性质和应力应变关系，只需要根据围岩压裂过程中记录的压力-时间曲线即可求出测点的主应力大小，根据印模确定的破裂方位即可确定主应力的方位角。若要得到三维的地应力测量结果，必须在 3 个（或者多于 3 个）不同方向的钻孔中进行水压致裂试验。空心包体应力解除法是应力解除方法的一种，通过包体上粘贴的应变片花感应钻孔孔壁在解除过程中所产生的弹性恢复，从而取得应变测量数据。然后根据岩石的本构关系即应力-应变关系，建立相应的力学计算模型，由观测到的应变或位移，就能计算出地应力的 6 个分量或者 3 个主应力的大小和方向。该测量方法精度高，单孔即可获得三维应力。

虽然空心包体应力解除法有着精度高，单孔即可获得三维应力的优点，并在浅部地应力测量中有了良好的应用效果，但在深部煤矿现场地应力测试过程中出现一些现场施工技术问题，现将深部现场空心包体应力解除地应力测量过程出现的问题归结如下：

（1）进入深部开采后，受地应力、地质构造、巷道硐室分布、岩体结构、岩石物理力学性质等因素的影响，岩石性质差异大，即使岩石在巷道围岩的原岩应力区，也不能保证空心包体安装位置岩石的完整性。这是深部岩石与浅部岩石的一个重要区别。因此，若仍用浅部地应力测量方法在巷道中进行地应力原位测量将出现一系列测量失效的问题，如空心包体安装在破碎岩石带、应力解除过程中破碎岩石绞碎空心包体、空心包体黏结胶从裂隙带流走、安装位置岩体裂隙发育导致测量结果无效等。破碎岩石导致的测量失效如图 3-1 所示。

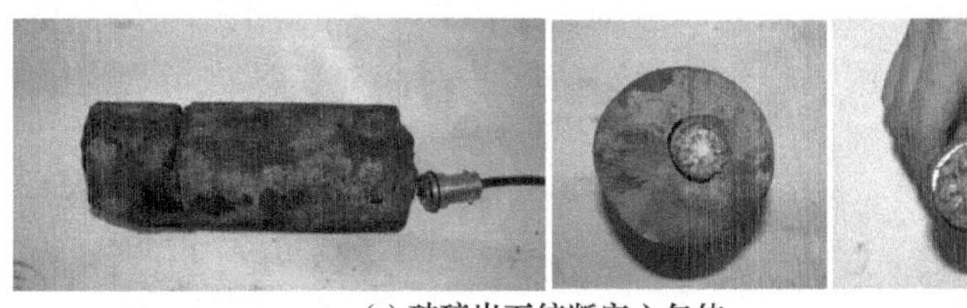

(a) 破碎岩石绞断空心包体

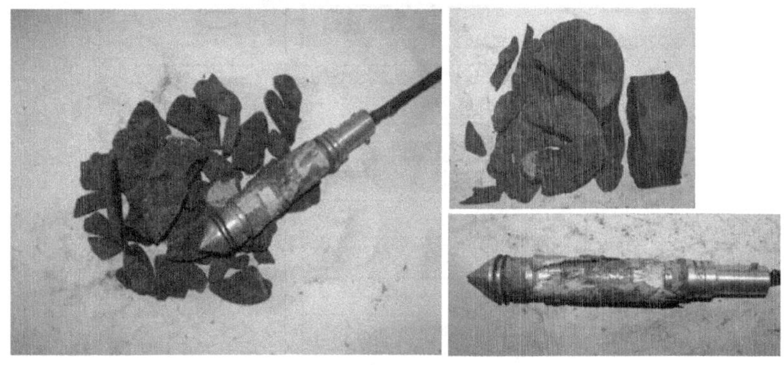

(b) 破碎岩石揉碎空心包体

图 3-1　破碎岩石导致的测量失效

（2）深部巷道围岩的复杂状态导致空心包体安装失败率高。普通空心包体安装杆在地应力原位测量过程中，由于破碎带的影响出现卡杆等现象，使其失去导向安装作用，导致空心包体应力解除测量失败。

针对现有空心包体应力解除法地应力测量的缺点，本章提出了适用于深部的地应力测量方法，即深部地应力测试方法。首先根据地应力测点确定原则，选取能反映该区域地应力特征的代表性测点；然后对测试位置进行塑性区测试和围岩岩体结构探测，以确定地应力钻孔的深度，保证空心包体安装位置为巷道围岩的弹性区并且周围岩石完整无裂隙；最后进行地应力测量，并对测量数据进行筛选，排除异常数据，通过计算得到合理的计算结果，以此反映测试区域的地应力场分布特征。

3.2　深部地应力测试方法

本章以鹤岗矿区为研究对象，采用深部地应力测试方法对鹤岗矿区进行了地应力测量。其测量方法可分为 3 个部分：测点位置的确定、现场地应力测试、地应力测量结果分析。测点位置的确定主要是确定地应力原位测量的测点位置以及测孔深度。根据地应力测点确定原则，选取能反映该区域地应力特征的代表性测点，然后对测试位置进行塑性区测试和围岩岩体结构探测，以确定地应力钻孔的深度，保证空心包体安装位置为巷道围岩的弹性区并且周围岩石完整、无裂隙；现场地应力测量主要采用空心包体应力解除法对鹤岗矿区进行地应力原位测量；测量结果分析是对测量数据进行筛选，排除异常数据，通过计算得到合理的计算结果，以此反映测试区域的地应力场分布特征。深部地应力测试方法技术路线如图 3-2 所示。

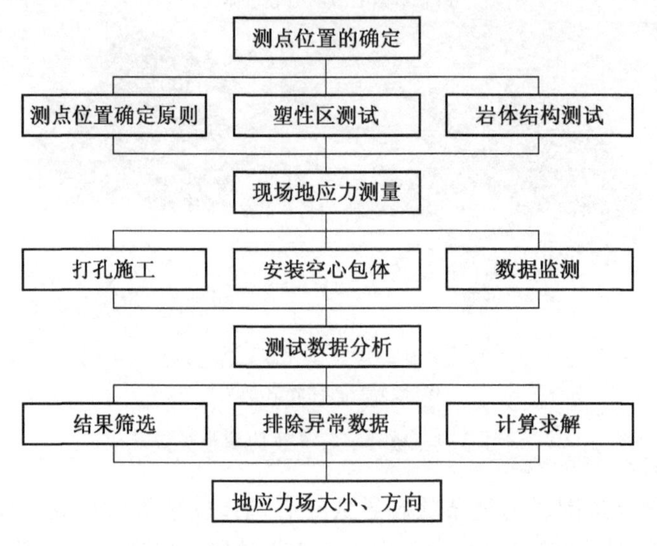

图 3-2　深部地应力测试方法技术路线

3.3　地应力测点位置确定

3.3.1　测点位置的确定原则

地应力测量是一种精密的测量工作，地质构造、巷道分布特征、采掘活动、施工空间、测试位置岩石的赋存特点等因素都会对地应力的测量造成影响，另外煤矿生产是一个庞杂的生产运营系统，任何环节的操作将会影响整个生产系统的运作。因此，地应力测点位置的选择就显得非常重要。经现场实践与反复验证，地应力测点位置的选择应遵循以下 5 个原则：

（1）测试地点应具有代表性，能代表区域地应力场的一般特征。

（2）测试地点需布置在赋存稳定的岩层中，要求岩石均质、完整性好。

（3）测试地点需受地质构造影响小，应尽量远离构造复杂地带。

（4）测试地点应避开巷道硐室分布密集区域，并远离采煤工作面以及掘进工作面，以免受采掘活动的影响，使得测量结果误差偏大。

（5）测试地点应选择布置在有利于地应力测量施工的位置，需考虑施工空间、水、电等因素，同时与煤矿生产其他工序不冲突。

3.3.2 地应力测点位置

本次地应力测量主要是针对鹤岗矿区的7个冲击矿井进行测量，根据地应力测点确定原则，通过现场地质条件分析，并结合现场实际生产情况，对矿区进行了地应力测点布置。其测点位置及测试巷道揭露岩性见表3-1，测点位置如图3-3所示。

表3-1 鹤岗矿区地应力测点位置及揭露岩性

测点	深度/m	位 置	巷道岩性
峻德1号	940	三水平北一皮带石门	粉砂岩
峻德2号	470	三水平北三九层专用回风石门	中砂岩
峻德3号	627	三水平南三区-363 m总轨道石门	细砂岩
兴安1号	730	四水平17层中部区二段总机道	细砂岩
兴安2号	754	四水平北11层一二区二段总机道	粉砂岩
兴安3号	564	三水平南边界石门	细砂岩
富力1号	720	-450 m南扩区18-2层大巷	细砂岩
富力2号	800	-530 m18-2层大巷	细砂岩
富力3号	880	三水平一分段-610 m南11层大巷	粉砂岩
新陆1号	940	-650 m北11层一石门	中粗砂岩
新陆2号	990	-700 m临时水仓	细砂岩
新陆3号	830	-540 m里部区回风联络巷	粉砂岩
南山1号	539	东部区北部-120 m总回巷	粉砂岩
南山2号	539	东部区北部-120 m总回巷	中砂岩
南山3号	508	东部区-180 m运输大巷与设备道上山交叉处	细砂岩
南山4号	631	东部区北部-310 m强力皮带巷迎头	粉砂岩
南山5号	478	东部区南部-160 m总回巷道	中砂岩
益新1号	487	22层机道	中粗砂岩
益新2号	635	北一皮带暗斜井	粉砂岩
益新3号	561	南一石门入风上山	中粗砂岩
兴山1号	459	三水平南翼皮带巷	细砂岩
兴山2号	706	深部区缆车暗井下山-340 m标高底弯处	粉砂岩
兴山3号	458	东扩区新区-90 m标高岩巷	粉砂岩
兴山4号	466	三水平北大巷	粗砂岩

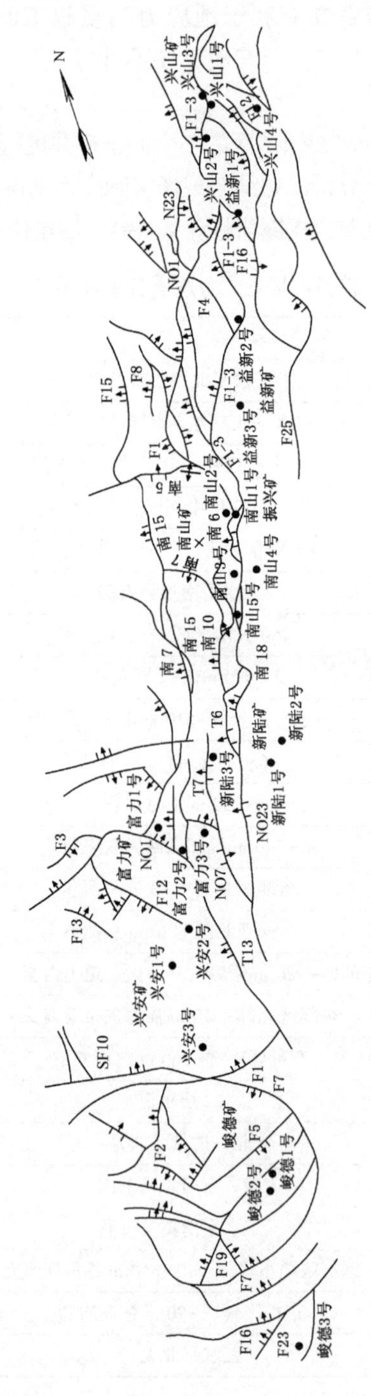

图3-3 鹤岗矿区地应力测点位置图

3.3.3　塑性区测试

1. 塑性区的定义

随着巷道的开挖，巷道围岩的应力状态受到扰动，原岩应力状态遭到破坏，应力进行重新分布，并产生应力集中，通常称之为二次应力。受二次应力叠加的影响，巷道围岩分为破裂区、塑性区、塑性极限平衡区和弹性区。

巷道围岩塑性区取决于巷道围岩应力的大小以及围岩的力学性质，它是巷道支护设计的一个关键指标。本次进行现场塑性区测试，主要是为了确定空心包体应力计的安放位置，保证其安装在围岩弹性区。

2. 塑性区测试原理

目前应用比较广泛的塑性区探测方法有地震折射层析法、高密度电阻率法、地质雷达法、多点位移计量测法、超声波法等。本次塑性区测试所采用的方法为超声波法，其测试成本低，测量精度高，测试技术成熟可靠。

超声波法主要是通过专用仪器测量声波在材料中的传播速度来确定材料的物理力学性质，其应用于围岩塑性区测试时可得到一些关于围岩物理力学特性的信息，以此来分析研究围岩的应力状态。超声波在岩体中传播必然受岩体结构及其受力状态的影响。超声波在破碎岩体中的传播速度要比在完整岩石中的传播速度小。超声波法就是运用这一原理来确定岩体的塑性区，通过绘制“波速-孔深”曲线，根据其跳跃点可判断围岩的塑性区。

超声波围岩裂隙探测仪的探头端有两个换能器——发射换能器和接收换能器，两个换能器的距离为 140 mm，在发射换能器发出超声波时，探测仪开始记录时间，当接收换能器接到传播回来的声波信号后，停止记录时间。此段时间为声波在岩体中传播 140 mm 的时间。声波在岩体中的传播速度可由下式计算得出。

$$v = L/t$$

式中　v——超声波的传播速度，km/s；

L——两个换能器之间的距离，为 140 mm；

t——声波在岩体中传播的时间，μs。

3. 塑性区测试步骤

测试采用西安中沃测控技术有限公司开发的超声波围岩裂隙探测仪，如图3-4 所示。

1）测孔施工要求

（1）采用矿用气腿凿岩机进行打孔，钻头选用 ϕ42 mm 钻头，钻杆长大于 5 m；

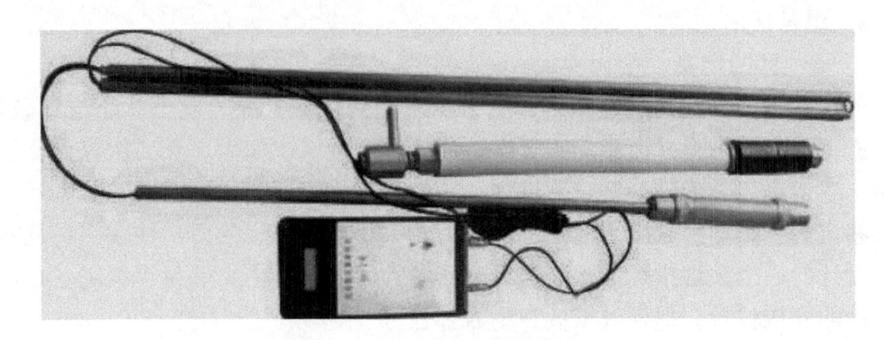

图3-4 超声波围岩裂隙探测仪

(2) 测孔布置在地应力测点位置附近，打孔深度为5 m，向下倾斜3°~5°，方便测试时注水。

(3) 打完钻孔后，对钻孔进行清理。

2) 测试步骤

(1) 清孔并检查测孔，保证测孔无塌孔。

(2) 将围岩裂隙探测仪的探头伸至测孔孔底，并封好孔口。

(3) 注水，接好注水管向测孔中注水，注满为止。

(4) 塑性区测试，根据测杆刻度抽出测杆，每抽出10 cm，进行一次读数。

(5) 检查记录数据，确定数据是否符合塑性区测试的一般规律，若不符合，需进行重新测量。

4. 塑性区测试步骤

根据上述测试步骤在地应力测点附近进行塑性区测试，并运用波速计算公式计算出各测点不同深度对应的波速，将深度与波速绘制成曲线，如图3-5所示。

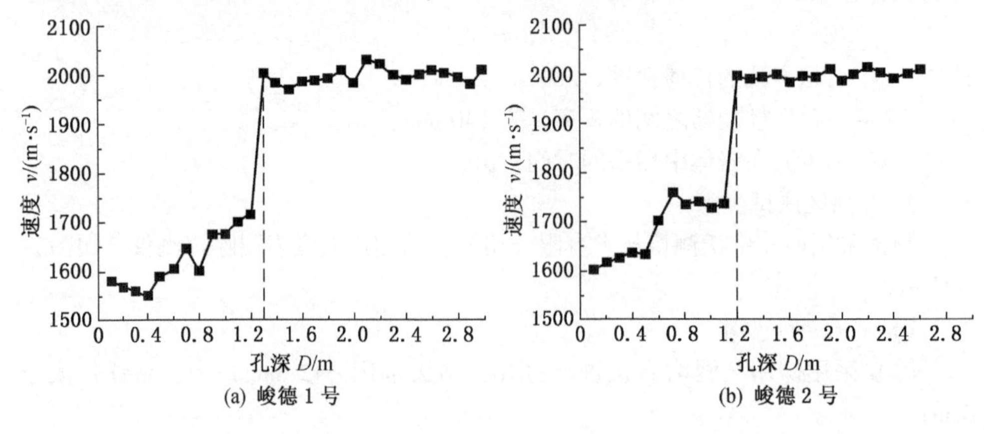

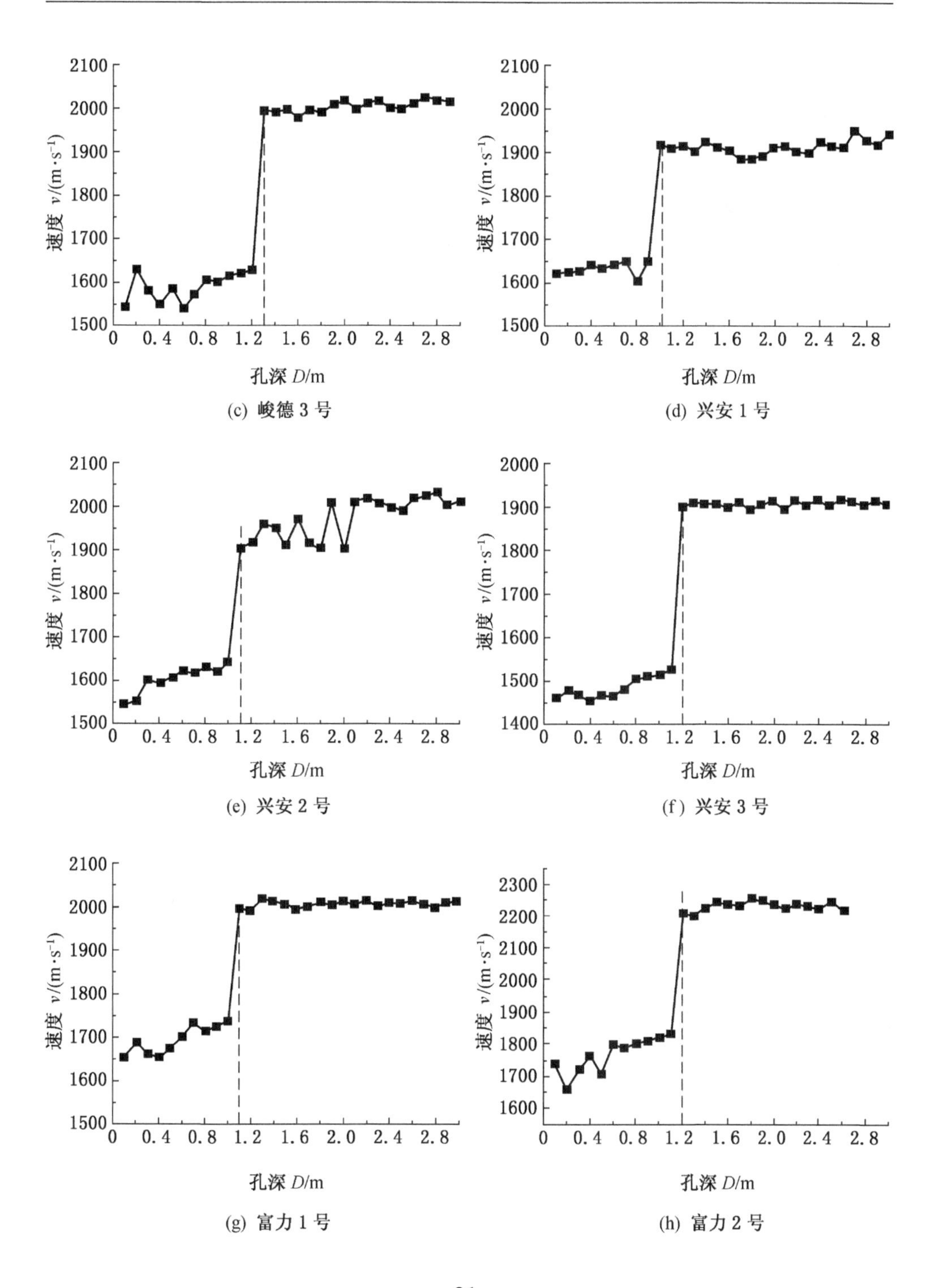

(c) 峻德 3 号

(d) 兴安 1 号

(e) 兴安 2 号

(f) 兴安 3 号

(g) 富力 1 号

(h) 富力 2 号

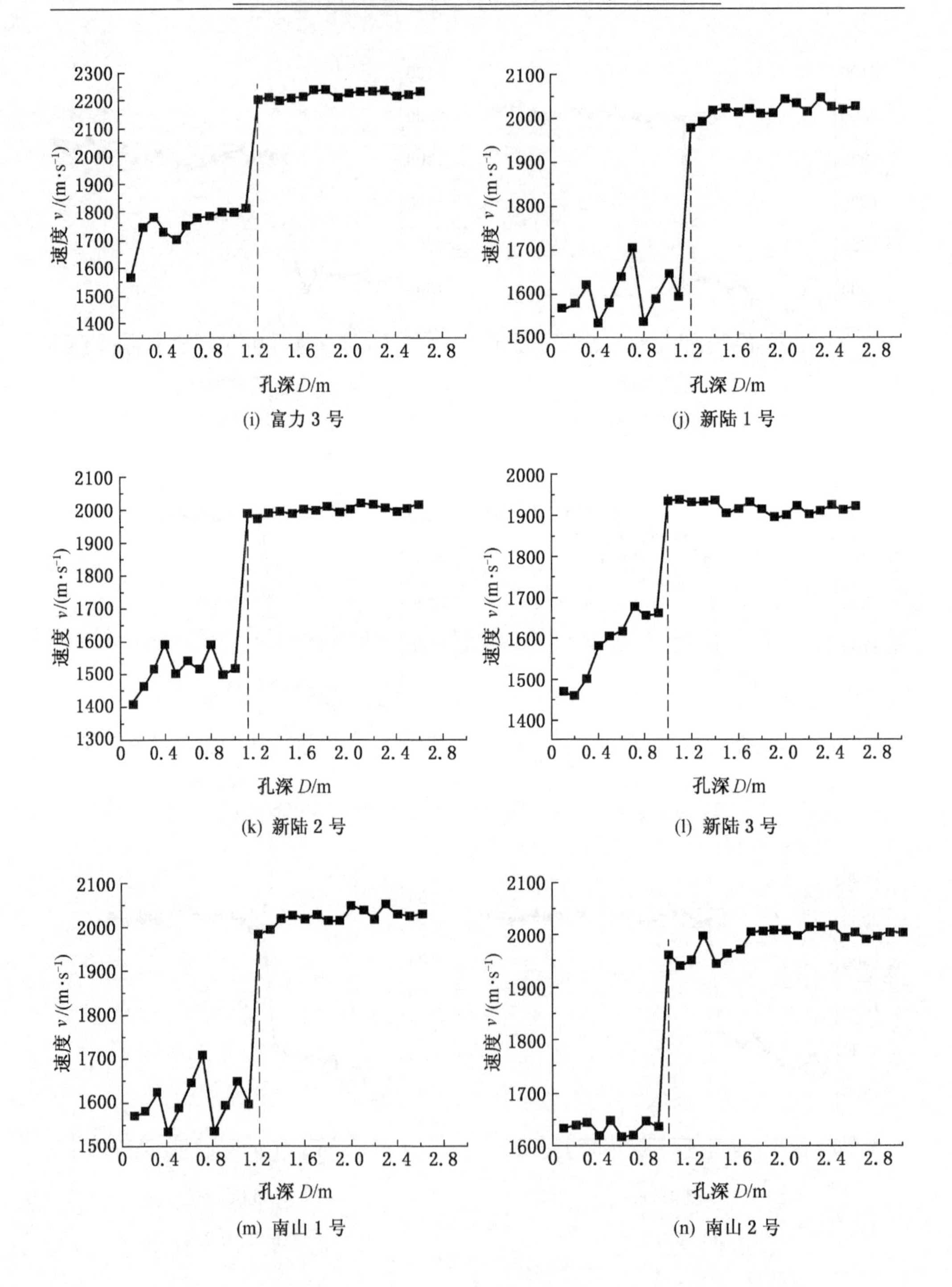

(i) 富力 3 号

(j) 新陆 1 号

(k) 新陆 2 号

(l) 新陆 3 号

(m) 南山 1 号

(n) 南山 2 号

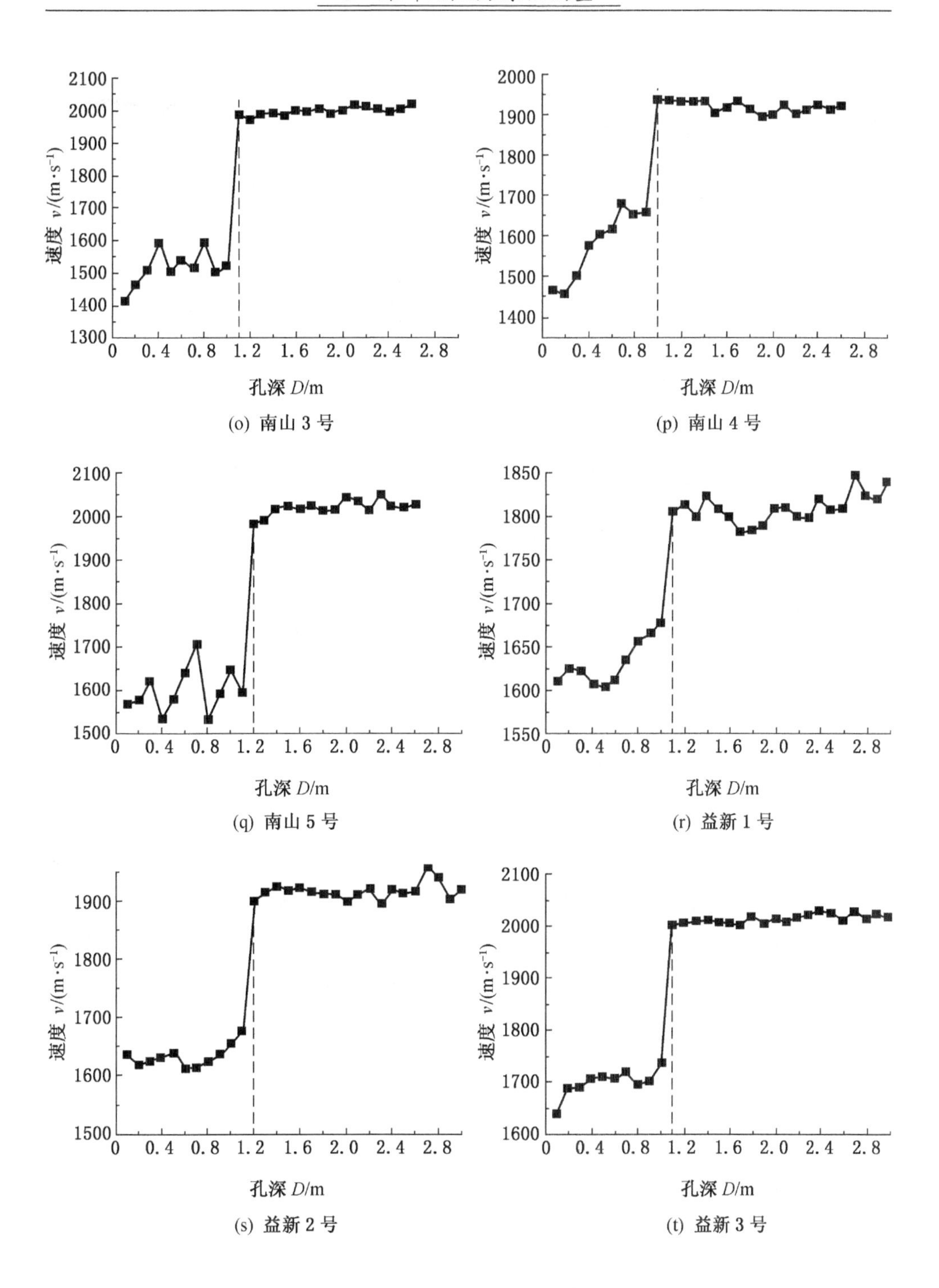

(o) 南山 3 号

(p) 南山 4 号

(q) 南山 5 号

(r) 益新 1 号

(s) 益新 2 号

(t) 益新 3 号

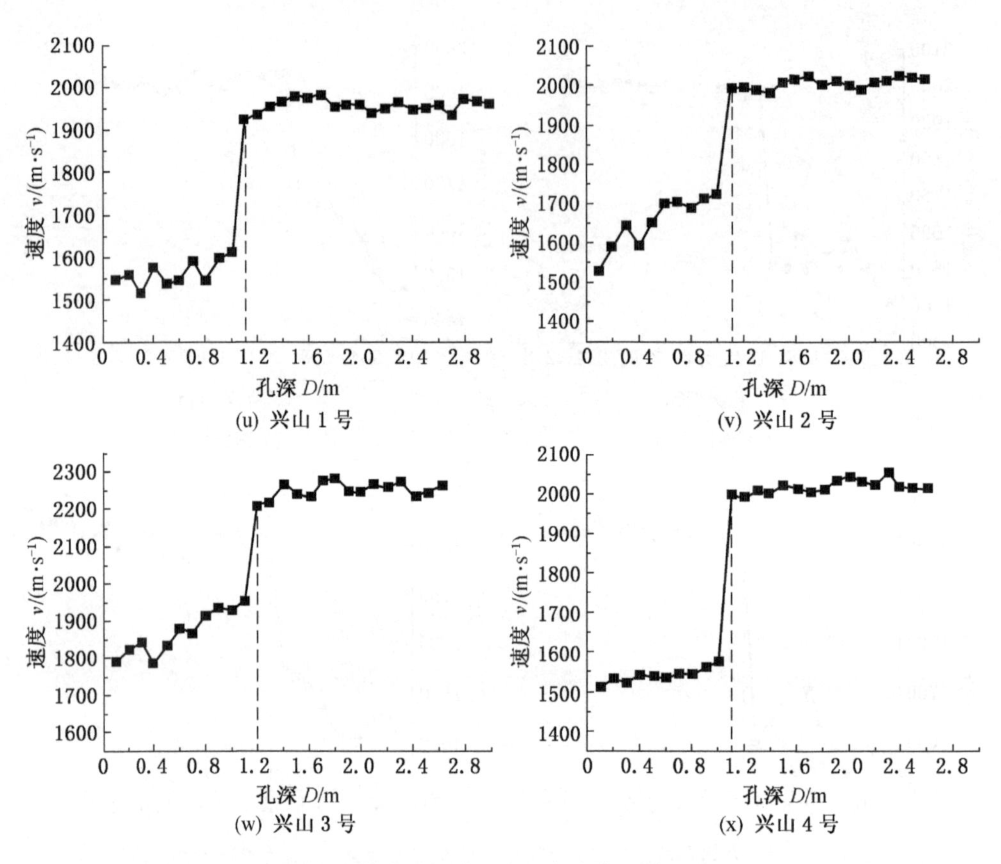

(u) 兴山 1 号　(v) 兴山 2 号

(w) 兴山 3 号　(x) 兴山 4 号

图 3-5　鹤岗矿区地应力测点塑性区测试曲线

根据各测点的孔深-声速曲线可判断测点位置巷道的塑性区范围。在围岩塑性区范围内超声波的传播速度慢，在塑性区与弹性区的临界区域内岩体完整性好，超声波传播速度快，因此，可根据孔深-声速曲线中的声速突变点来判断围岩塑性区的厚度，将各测点塑性区厚度进行统计，见表 3-2。

表 3-2　鹤岗矿区地应力测点塑性区厚度统计表

测点编号	塑性区厚度/m	测点编号	塑性区厚度/m
峻德 1 号	1.3	兴安 2 号	1.2
峻德 2 号	1.2	兴安 3 号	1.2
峻德 3 号	1.3	富力 1 号	1.1
兴安 1 号	1.0	富力 2 号	1.2

表3-2（续）

测点编号	塑性区厚度/m	测点编号	塑性区厚度/m
富力3号	1.2	南山5号	1.1
新陆1号	1.2	益新1号	1.1
新陆2号	1.1	益新2号	1.2
新陆3号	1.0	益新3号	1.1
南山1号	1.2	兴山1号	1.1
南山2号	1.0	兴山2号	1.1
南山3号	1.1	兴山3号	1.2
南山4号	1.0	兴山4号	1.1

3.3.4 岩体结构测试

围岩岩体结构在一定程度上影响着岩体的物理力学性质，同时在空心包体应力计原位地应力测量过程中，它对地应力测量的成败以及准确性有着重要的影响。主要表现在以下几方面：①岩石的完整性决定着套孔的成功率。若岩石存在较多结构面，在进行应力解除的过程中容易引起岩石破碎，最终导致解除失败，严重时损坏空心包体应力计，绞断应变传输线。②岩石的完整性决定着空心包体与岩石的黏结程度。岩体中存在的裂隙可导致空心包体的黏结胶外漏，使其不能与岩石良好黏结，从而使得部分应变片失去应有的作用，测量失败。③岩石的完整性控制着测量段岩体的物理力学性质，直接影响着测量结果的准确性。因此，在进行地应力测试之前进行围岩岩体结构测试对空心包体应力计原位测量有着重要的意义。

1. 岩体结构测试原理

目前煤（岩）体结构测试的方法有很多种，可分为3类：岩芯采取法、钻孔壁印模法以及钻孔壁观察法。本次在鹤岗矿区地应力原位测量过程中，采用的岩体结构测试方法为孔壁观察法，仪器采用煤炭科学研究总院西安研究院开发的YSZ（B）钻孔窥视仪，如图3-6所示。该仪器可直接在围岩钻孔内进行摄像，通过摄像记录整个钻孔中围岩的裂隙发育情况。

2. 岩体结构测试步骤

1）测孔施工要求

（1）采用矿用气腿凿岩机进行打孔，钻头选用ϕ42 mm钻头，钻杆长大于8 m。

（2）测孔布置在地应力测点位置附近，打孔深度为7 m，水平孔。

（3）打完钻孔后，对钻孔进行清理。

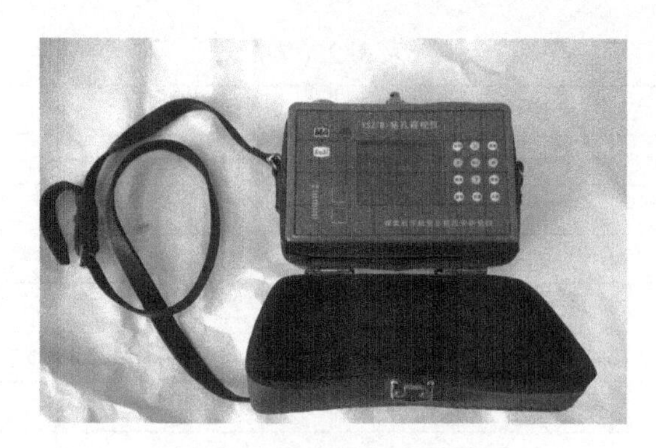

图 3-6 YSZ（B）钻孔窥视仪

2）测试步骤

（1）清孔并检查测孔，保证测孔无塌孔。

（2）将钻孔窥视仪的窥视探头伸至孔底，根据胶皮线缆上的刻度抽出窥视探头，每抽出 10 cm，记录一次录制时间。

3. 岩体结构测试

根据上述步骤对鹤岗矿区地应力测点位置进行岩体结构测试，测试点布置在地应力测试位置附近。通过岩体结构测试确定空心包体安装深度，从而保证空心包体安装位置岩体的完整性。截取测孔不同深度的围岩图像，可分析围岩的完整性。各测点围岩孔壁图像如图 3-7 至图 3-13 所示。

1）峻德矿

通过对峻德矿的三个地应力测点进行围岩岩体结构探测结果可知（图 3-7），峻德 1 号测点围岩岩体破裂范围较大，约为 1.5 m，深度为 1.2 m 时岩石基本完整，发育有 3 条平行于孔径的裂隙，延伸至 2.0 m 位置时消失。峻德 2 号测点与峻德 3 号测点的围岩裂隙分布范围约为 1.0 m。深度大于 2 m 时，围岩结构基本稳定，无肉眼可识别的裂隙发育，岩石完整。观测过程需注意区分岩石粉末与裂隙，如峻德 2 号测点 7 m 位置处。由此可知，峻德矿的 3 个地应力测点空心包体安装深度为 7 m 时，是合理可行的。

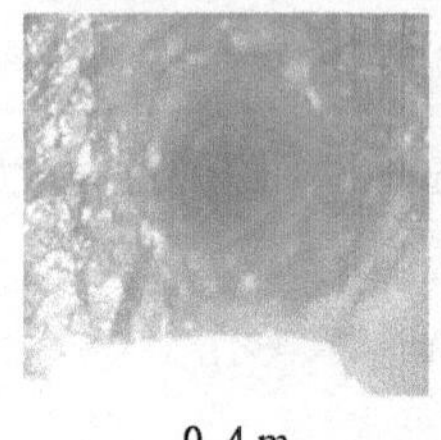

0.4 m

0.6 m

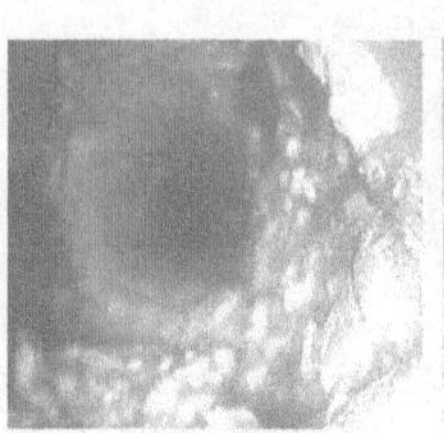

0.8 m

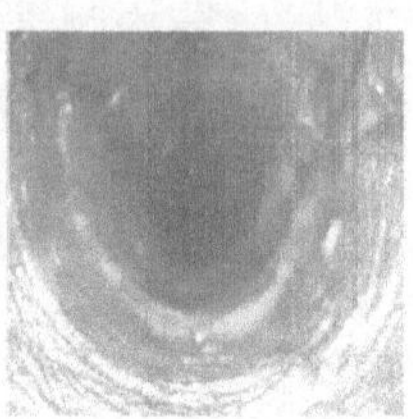

1.2 m

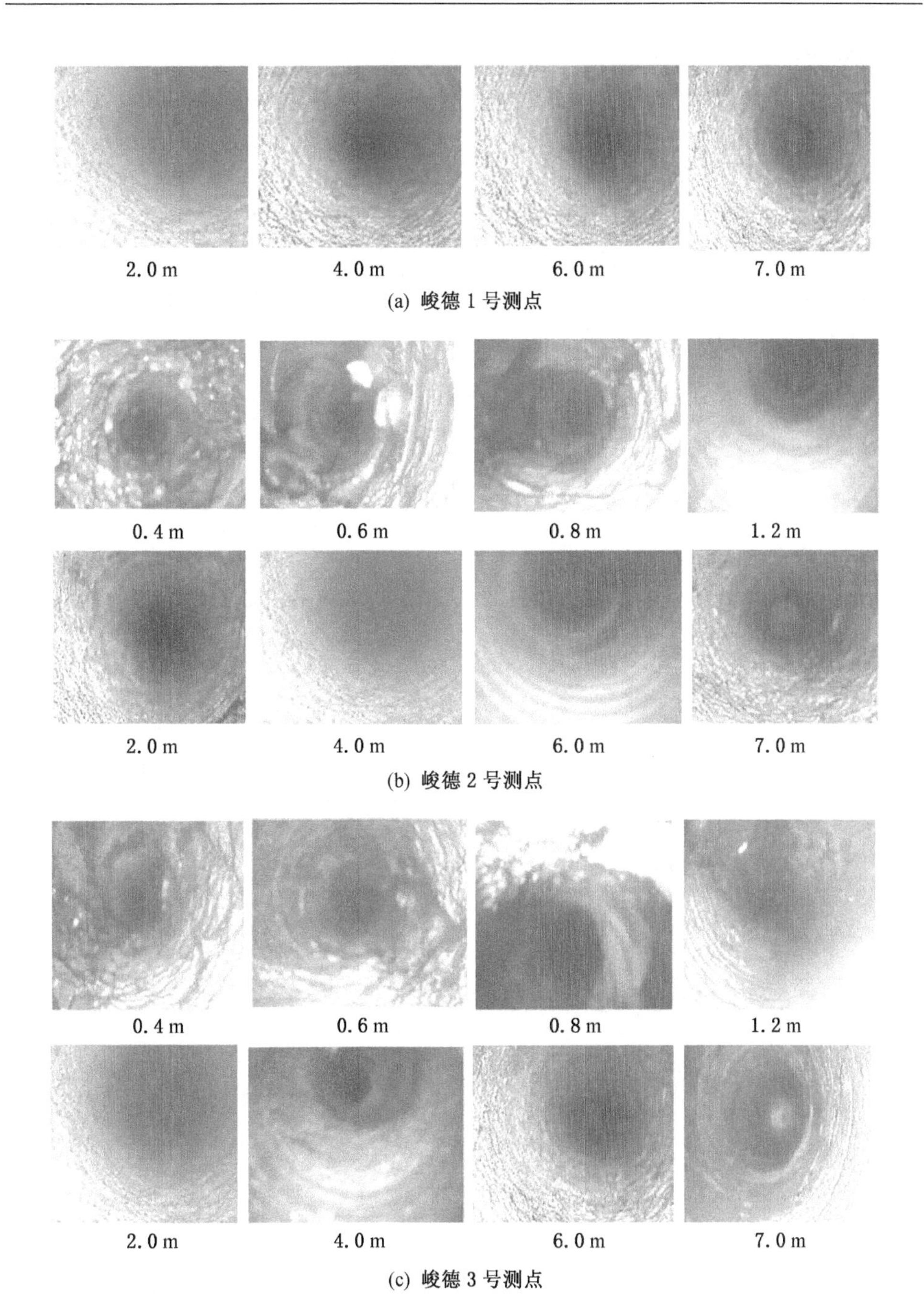

图 3-7 峻德矿地应力测点岩体结构探测结果

2）兴安矿

通过对兴安矿的三个地应力测点进行围岩岩体结构探测结果可知（图 3-8），3 个测点围岩岩体破裂范围较大，约为 1.4 m，0.6~0.8 m 为其围岩破裂区，岩石破碎。大于 1.0 m 时，围岩裂隙逐渐变少，仅发育几条平行于测孔轴向的裂纹，至 1.5 m 左右无肉眼可分辨的裂隙，岩石比较完整，兴安 3 号孔内岩石颗粒不均匀，硬度低，孔壁有明显划痕。由观测结果可知，兴安矿的 3 个地应力测点空心包体安装深度为 7 m 时，测试范围内围岩稳定，岩体裂隙基本不发育，在设计深度安装空心包体是合理可行的。

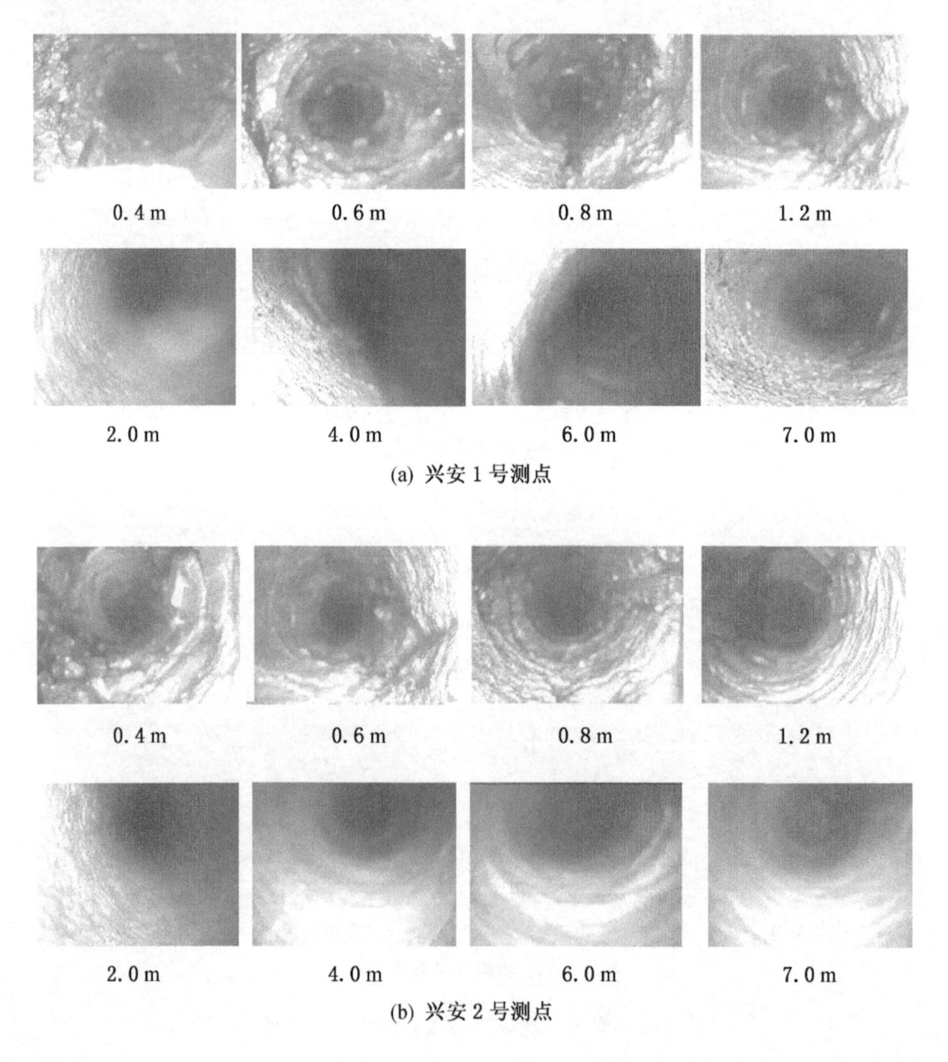

(a) 兴安 1 号测点

(b) 兴安 2 号测点

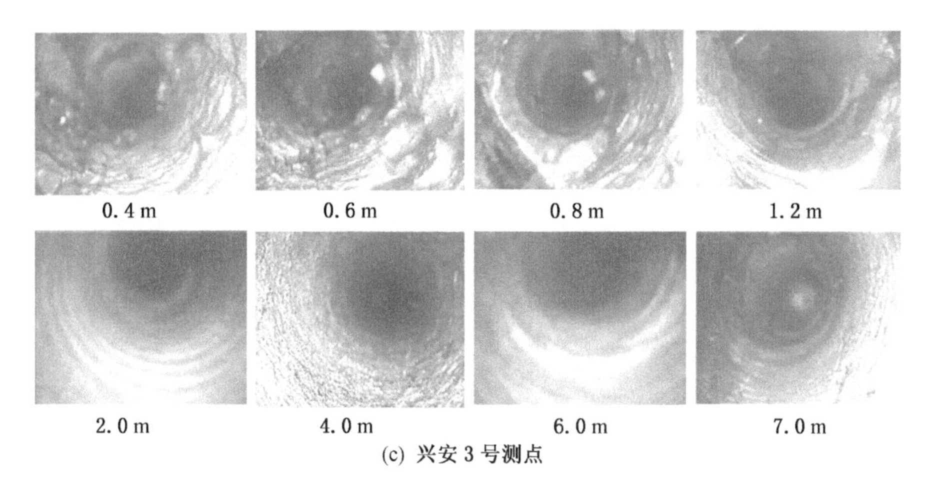

(c) 兴安3号测点

图3-8　兴安矿地应力测点岩体结构探测结果

3) 富力矿

根据富力矿的3个地应力测点的围岩岩体结构探测结果可知（图3-9），富力1号测点的围岩破裂范围约为1.4 m，富力2号测点围岩岩体破裂范围约为1.3 m，富力3号测点围岩破裂范围为1.0 m，超出破裂范围后，无肉眼可分辨的裂隙发育，岩体结构完整。由此可知，富力矿的3个地应力测点空心包体安装深度为7 m时，测试范围内围岩稳定，岩体裂隙基本不发育，在设计深度安装空心包体是合理可行的。

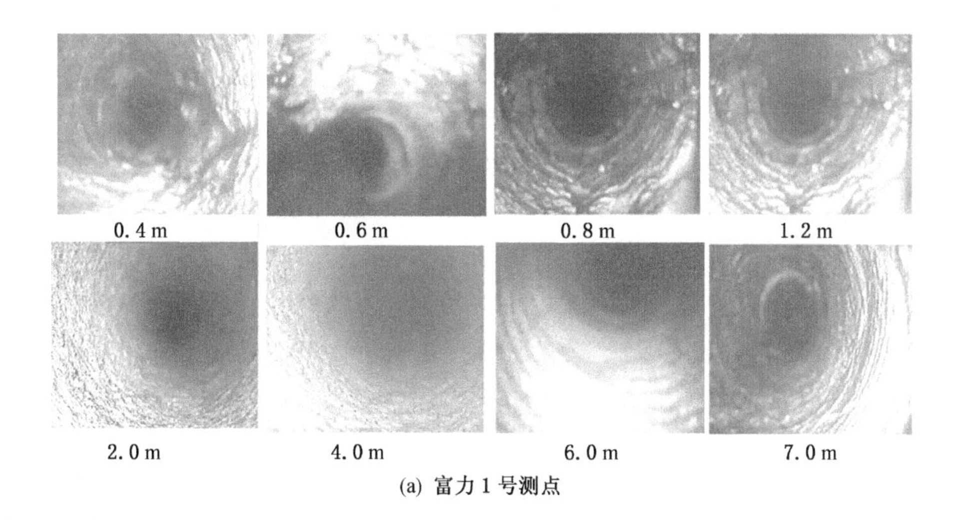

(a) 富力1号测点

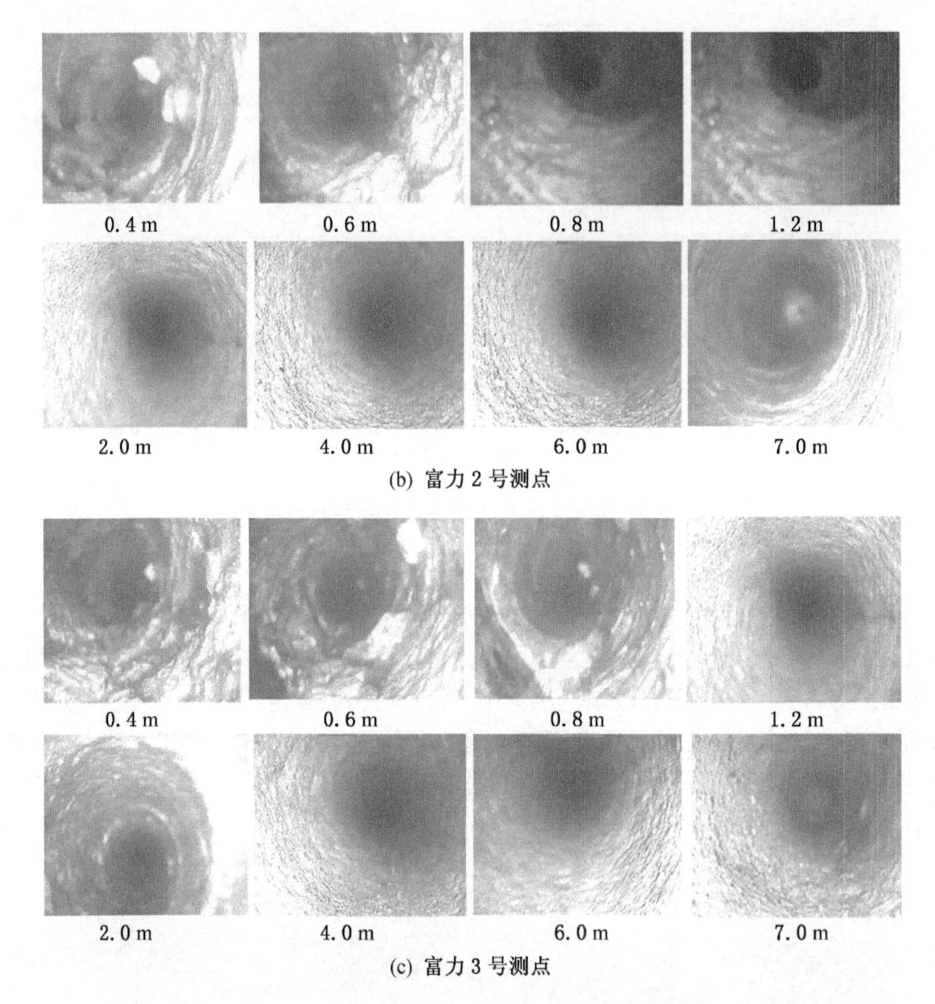

图 3-9　富力矿地应力测点岩体结构探测结果

4）新陆矿

通过对新陆矿的 3 个地应力测点进行围岩岩体结构探测结果可知（图 3-10），新陆 1 号测点围岩岩体破裂范围约为 1.0 m，深度为 1.0 m 时岩石完整，无肉眼可识别的裂隙发育。新陆 2 号测点埋深 990 m，岩体结构复杂，开挖引起的破碎范围为 1.3 m，在 1.3~3.5 m 范围内，岩体稳定，无肉眼可分辨的裂隙发育，3.5~4.0 m 范围内刚开始发育有几条纵向裂纹，随着深度的增加，形成破碎带，厚度约为 0.2 m，其后岩石逐渐恢复稳定。在空心包体设计深度范围 6~7 m 范围内无裂隙发育，可进行地应力测量。新陆 3 号测点的围岩裂隙分布范围约为

1.2 m。深度大于2 m时，围岩结构基本稳定，无肉眼可识别的裂隙发育，岩石完整。由此可知，新陆矿的3个地应力测点空心包体安装深度为7 m时，是合理可行的。

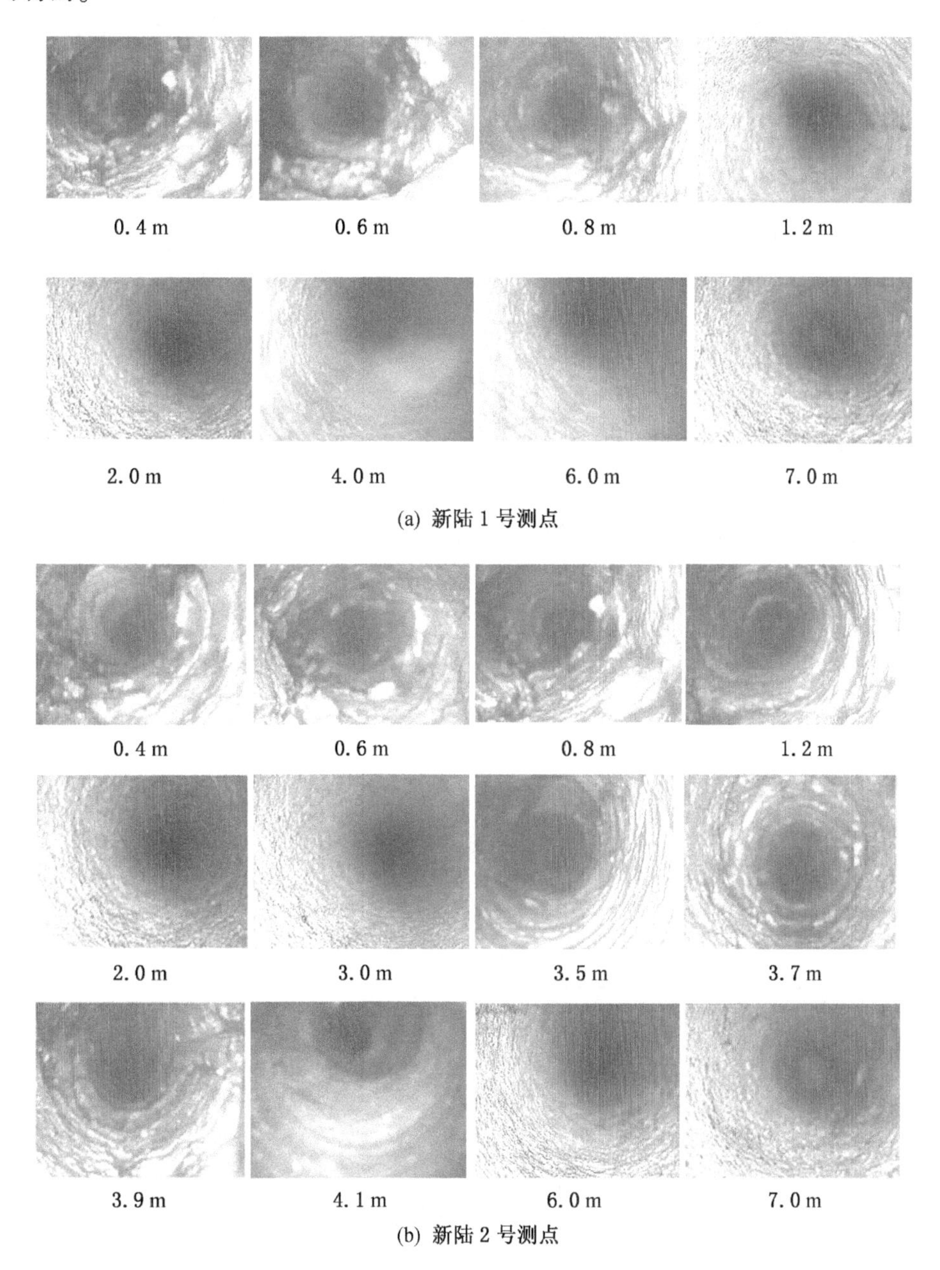

(a) 新陆1号测点

(b) 新陆2号测点

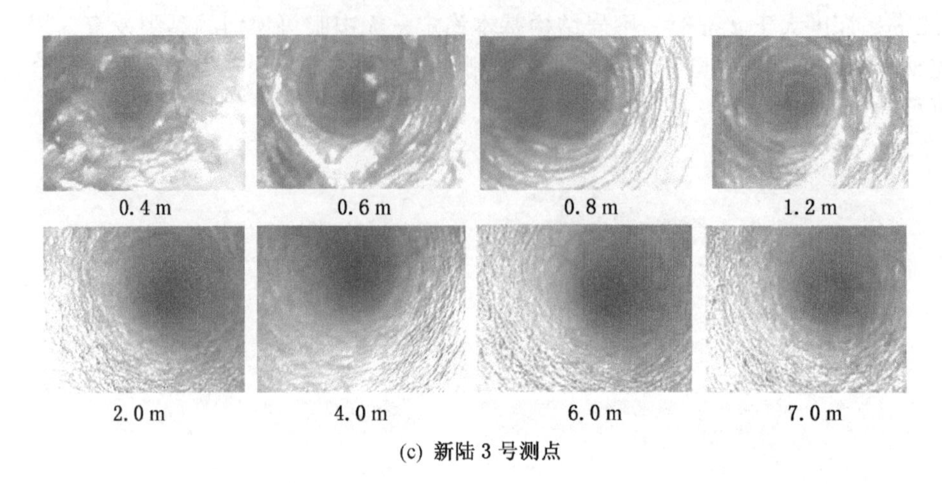

(c) 新陆 3 号测点

图 3-10　新陆矿地应力测点岩体结构探测结果

5）南山矿

根据南山矿的 3 个地应力测点的围岩岩体结构探测结果可知（图 3-11），南山 1 号测点围岩岩体破裂范围约为 1.3 m，深度大于 1.3 m 时岩石基本完整，无肉眼可识别的裂隙发育。南山 2 号测点围岩岩体结构复杂，距巷道帮部约 1.0 m 范围内岩体破裂，超过 1 m 时岩体完整，在 3.2～3.5 m 范围内有局部破裂带发育，其他部分岩体完整，空心包体布置在设计深度可行。南山 3 号、南山 4 号、南山 5 号测点在 0～1.3 m 范围内，岩体结构不完整，有破碎现象，1.1 m 以后岩体结构比较完整，可布置空心包体应力计。

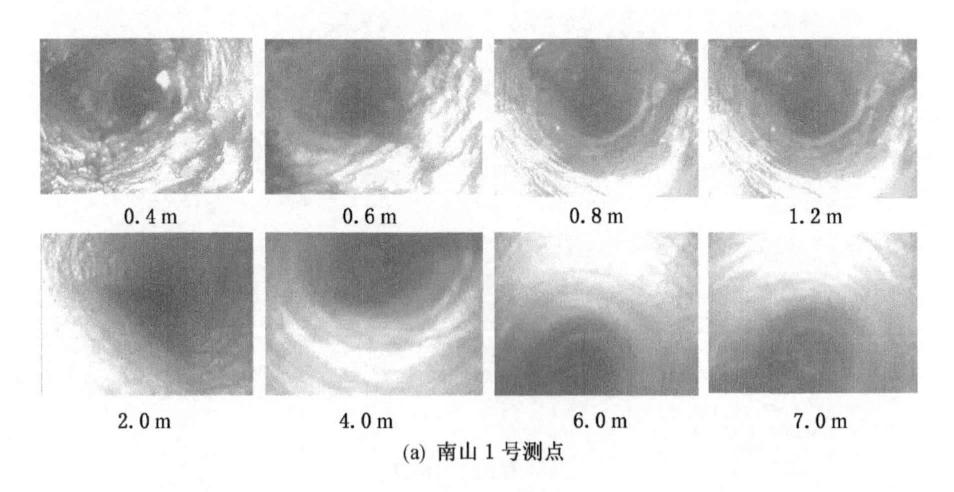

(a) 南山 1 号测点

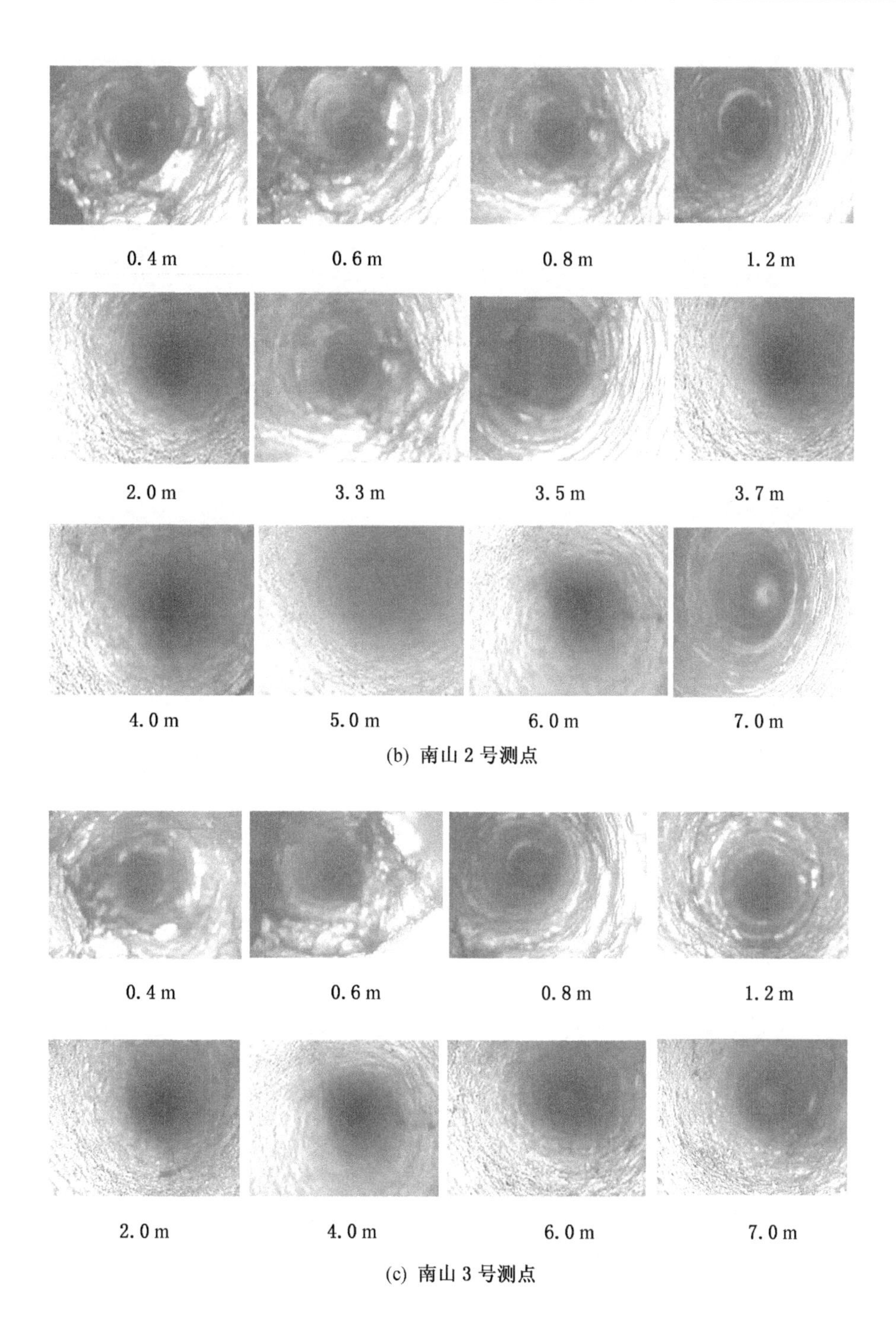

(b) 南山 2 号测点

(c) 南山 3 号测点

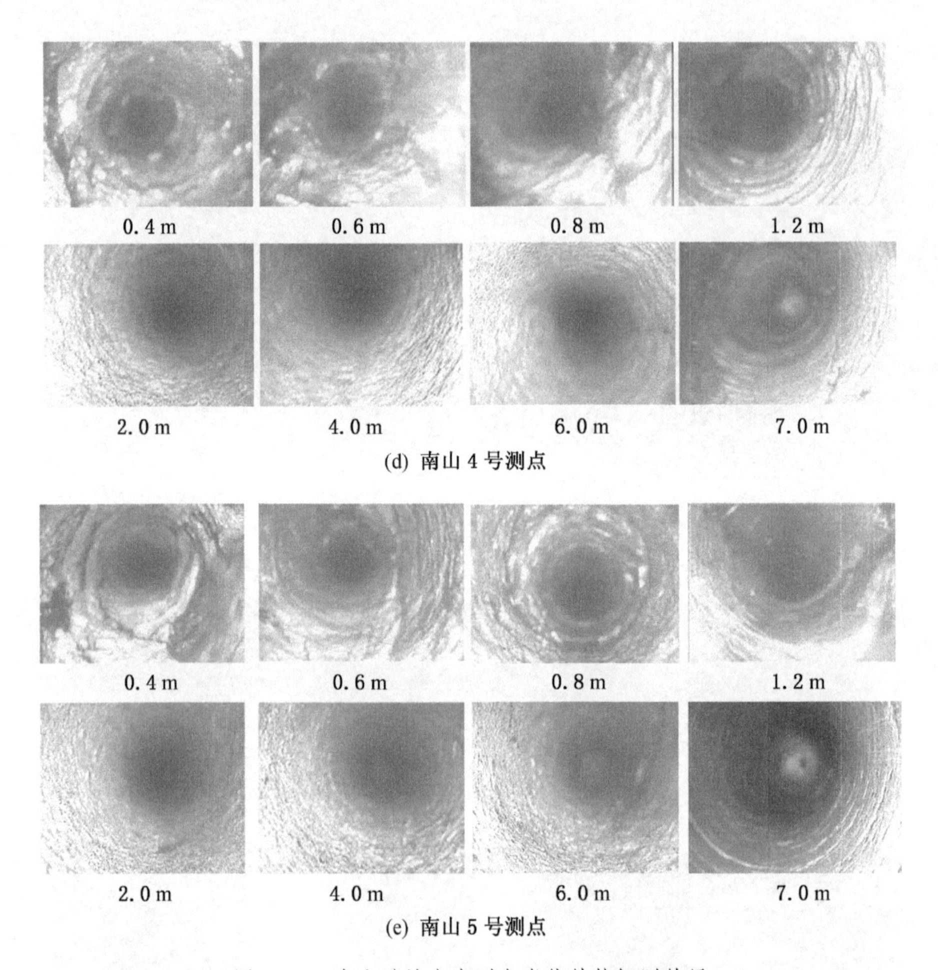

图 3-11　南山矿地应力测点岩体结构探测结果

6）益新矿

通过对益新矿的 3 个地应力测点进行围岩岩体结构探测结果可知（图 3-12），益新 1 号测点围岩岩体破裂范围约为 1.2 m，超过 1.2 m 时岩石完整，无肉眼可识别的裂隙。益新 2 号测点岩体破裂范围约为 1.4 m，在 1.2 m 范围内岩体破碎，1.2~1.4 m 范围内发育有纵向裂纹。深度大于 1.4 m 时岩体结构完整，无肉眼可识别的裂隙发育。益新 3 号测点岩体破裂范围约为 1.2 m，超出 1.2 m 后岩体结构完整，无破碎带分布。由此可知，益新矿的 3 个地应力测点空心包体安装深度为 7 m 时，是合理可行的。

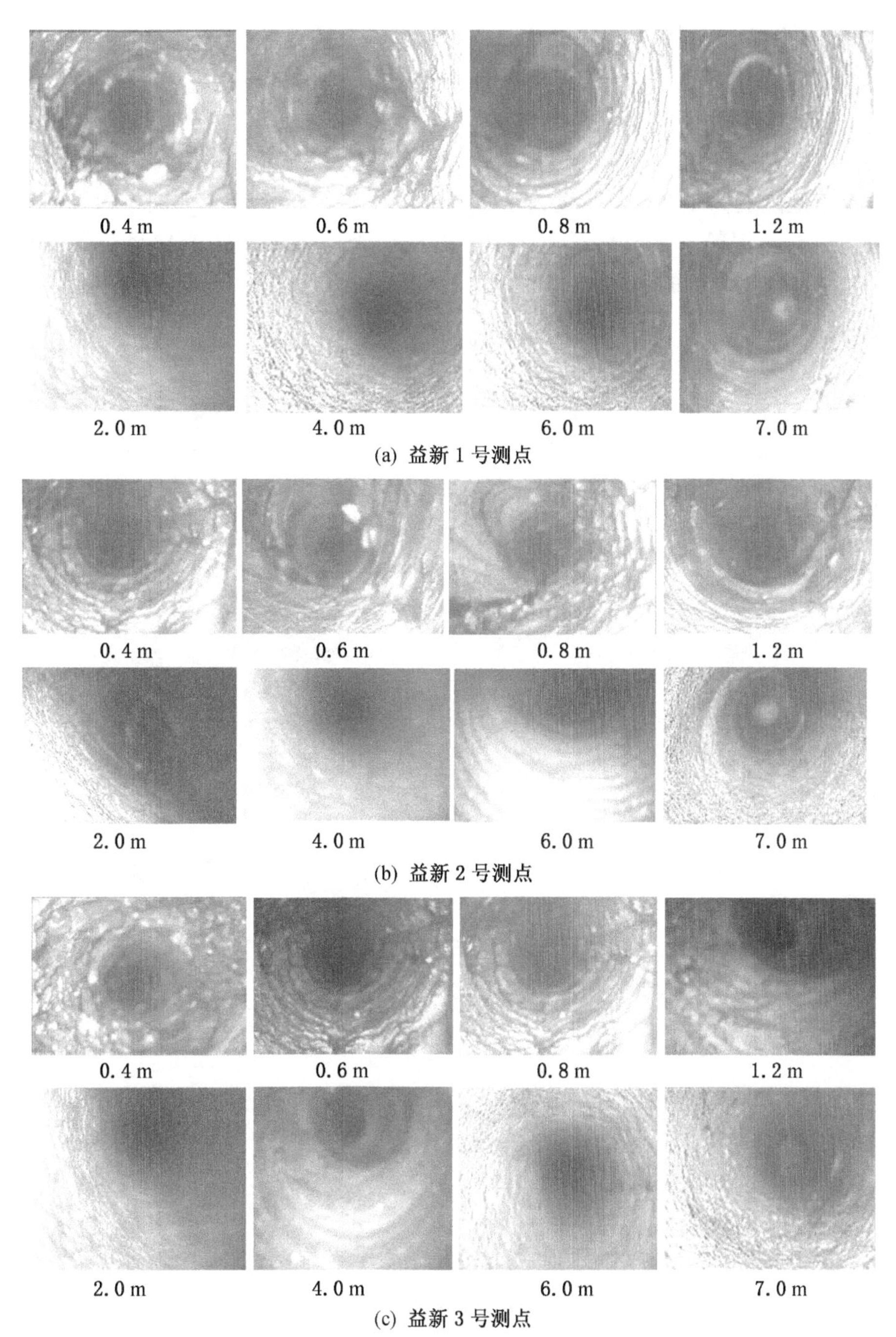

图 3-12　益新矿地应力测点岩体结构探测结果

7）兴山矿

通过对兴山矿的 3 个地应力测点进行围岩岩体结构探测结果可知（图 3-13），兴山 1 号测点、兴山 2 号测点、兴山 3 号测点围岩岩体破裂范围约为 1.3 m，深度大于 1.3 m 时岩石结构完整，无破碎带发育。兴山 4 号测点的围岩裂隙分布范围约为 1.0 m。深度大于 1 m 时，围岩结构稳定，无肉眼可识别的裂隙发育，岩石完整。由此可知，兴山矿的 3 个地应力测点空心包体安装深度为 7 m 时，是合理可行的。

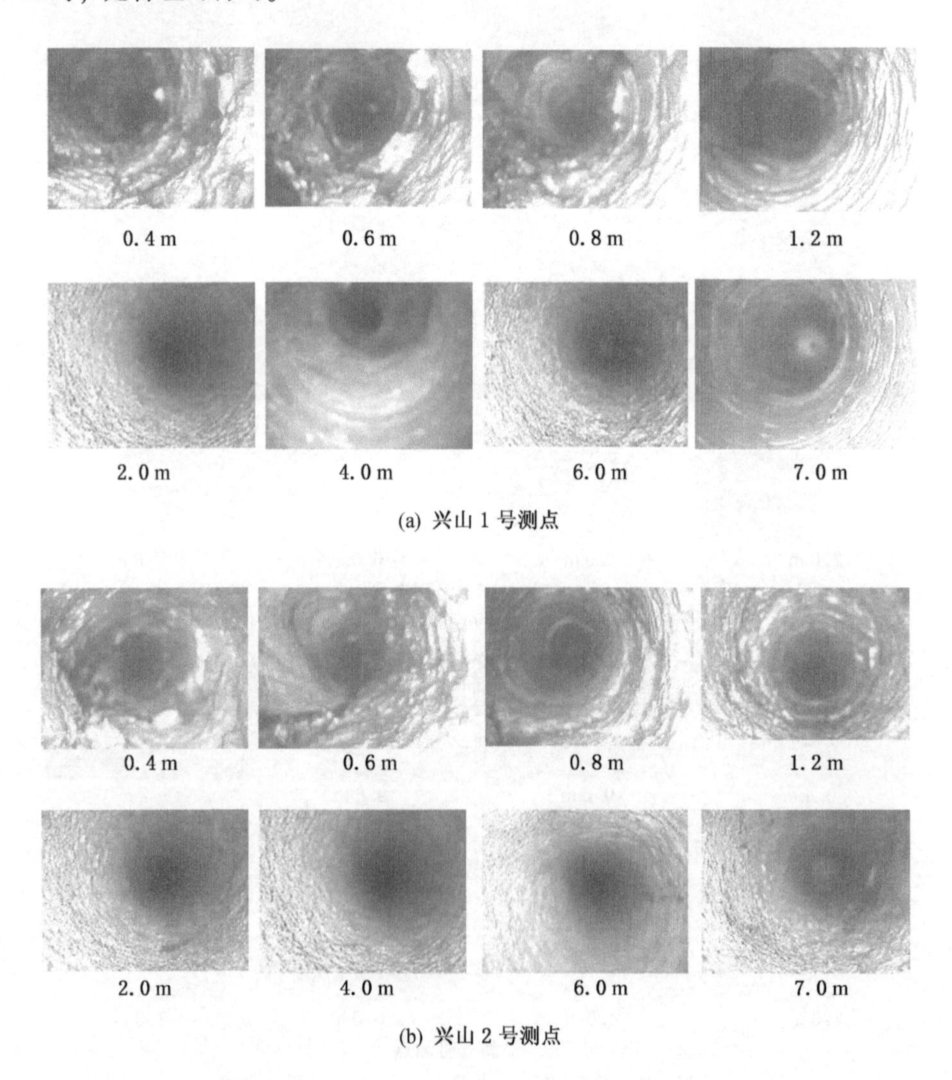

(a) 兴山 1 号测点

(b) 兴山 2 号测点

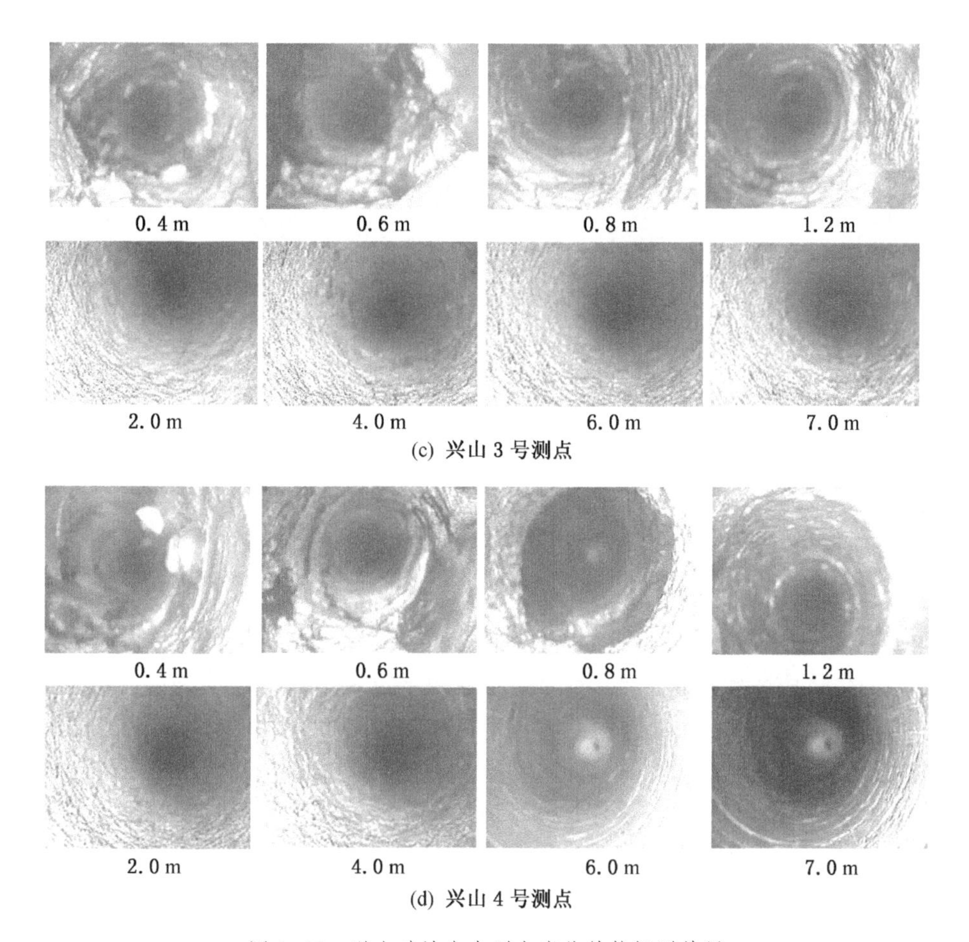

图 3-13 兴山矿地应力测点岩体结构探测结果

3.4 地应力原位测量及结果

3.4.1 现场地应力测量方法

本次现场地应力测量主要采用空心包体应力解除法，该方法是 2003 年国际岩石力学学会推荐的两种地应力测量方法之一，有着成本低、易操作、精度高、单孔测量即可获得三维应力的优点。现场测试采用 KBJ 型智能数字应变仪，测试精度达 0.1%。

1. 空心包体应力计结构

本次测试采用了中国地质科学院地质力学研究所研制的 KX-81 型空心包体应力计，如图 3-14 所示。

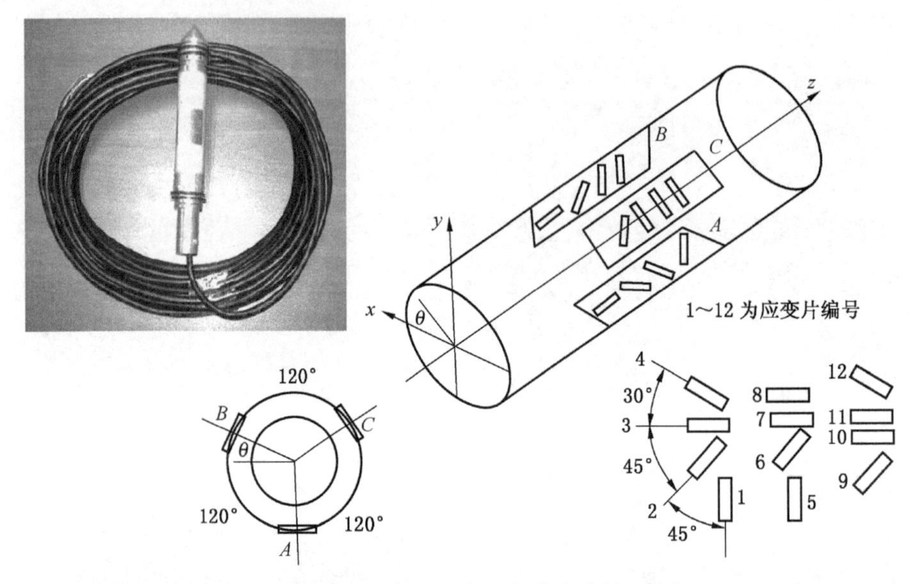

图 3-14　KX-81 空心包体应力计

空心包体应变计是一个外径为 36 mm 的中空的柱状圆筒，表面镶嵌有 3 个应变片花，3 个应变片花在圆筒壁上均匀分布，之间夹角均为 120°。每个应变片花由 4 个应变片组成。应力计顶端也装有一个应变片，主要用来消除温度对应变的影响。应变计在使用时需在其内部灌注以环氧树脂为基质的复合黏结剂，并在圆筒孔口装上锥形头柱塞，用铝销加以固定。当应力计被推进安装孔孔底时，铝销被剪断，黏结剂经柱塞内腔从锥形头侧流出填满安装孔，使得应力计与孔壁黏结在一起。

2. 空心包体应力解除法原理及方法

空心包体应力解除法是通过套取岩心对测试位置岩体进行扰动，使其周围应力状态发生改变，从而通过应变监测手段获取岩芯岩体的应变值。根据测试岩体的应力-应变本构关系，建立计算模型可反算出岩体周围的应力值，即地应力。

1）空心包体应力解除法的施工要求

（1）钻机采用矿用 300 钻机，配有 ϕ130 mm 实心钻头、ϕ130 mm 取芯钻头、ϕ36 mm 钻头，配套钻杆若干，如图 3-15 所示。

（2）大孔直径 130 mm，长 7000 mm（设计 7 m，具体深度由塑性圈测试及围岩岩体结构测试结果而定），小孔直径 36 mm，长 300 mm，钻孔倾角上倾 3°~5°，地应力测试钻孔结构如图 3-16 所示。

（3）钻孔孔壁光滑平直，大小钻孔同心。

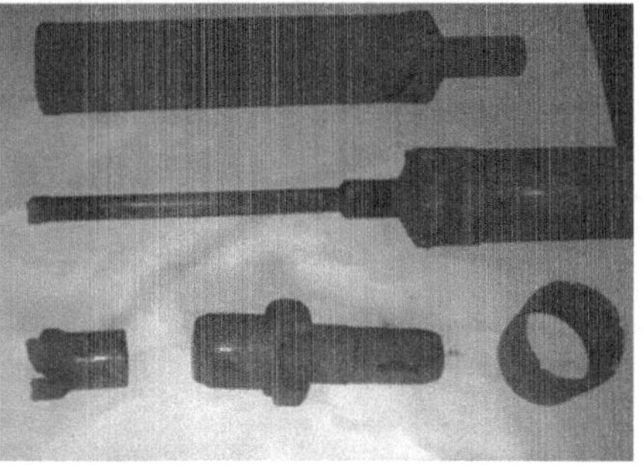

图 3-15　矿用 300 钻机及配套钻具

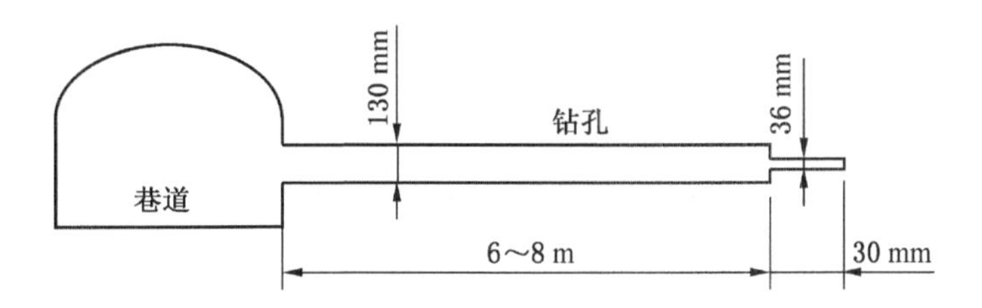

图 3-16　地应力测量钻孔结构示意图

（4）测试工作结束前，不可移动钻机。

2）测试步骤（图 3-17）

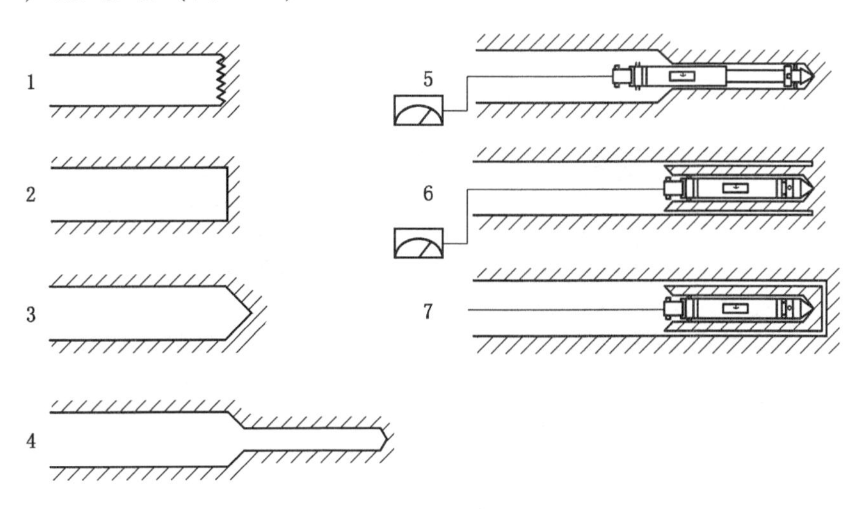

图 3-17　空心包体应力解除过程示意图

（1）打大孔。钻孔直径 130 mm，向上倾斜 3°～5°，以便打钻用水能从孔中流出，防止淹孔；由于巷道开挖引起的应力集中影响区一般为巷道半径的 3～5 倍，鹤岗矿区岩巷设计宽度平均为 4 m，所在岩层多为砂岩，稳定性较好，应力影响范围相对较小，本次地应力测试孔深度设计为 7 m，具体深度视围岩塑性区测试以及围岩岩体结构测试结果而定；施工时要求钻机稳定，孔壁平直光滑。

（2）磨平钻孔孔底。

（3）换锥形钻头做锥形孔底。

（4）打小孔并擦洗小孔。换上 ϕ36 mm 的小钻头，打孔 30 cm，用毛巾及特制的擦孔器对小孔进行擦拭，同时运用钻孔窥视仪对测试小孔进行观察，检查测试孔内岩体结构的完整性，以此保证空心包体应力计与测试孔的黏结度。

（5）安装空心包体。首先将提前配好比例的黏结剂（A、B 两种黏结剂）混合拌匀后倒入空心包体应力计的空腔内，用锥形头柱塞堵住孔口，并用铝销固定。然后将空心包体固定在定向器上，连接推进杆后将空心包体应力计缓慢推至孔底，在快到达孔底时需缓慢推送，保证将空心包体应力计推至测试小孔内。在应力计到达孔底时，用力推送推进杆以剪断铝销，使得黏结剂注满孔壁与应力计之间的空隙。

在深部地应力测量过程中，由于岩体结构不稳定，导致钻孔孔壁难以全程光滑，本次地应力测量对空心包体应力计的定向器做了改进，将之前用来定向的圆盘改为长 500 mm 的锥头圆筒（图 3-18），推进杆之间用销钉连接，各销钉口方向一致，以销钉口的偏转角度记录空心包体应力计的安装角。该定向器更适用于深部地应力的测量，能较好地跨越钻孔内的碎裂区域。

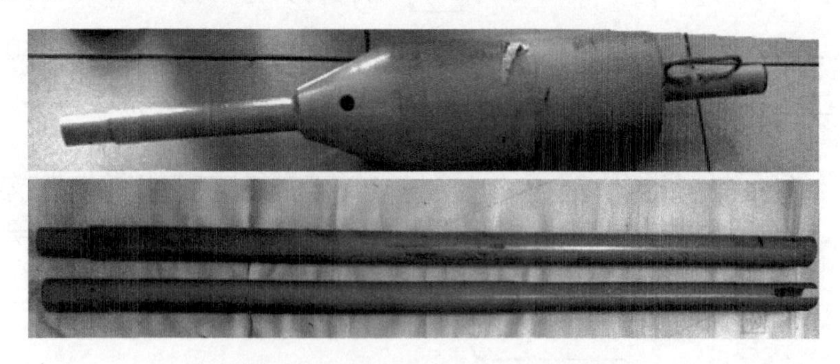

图 3-18　改进后的定向器及推进杆

（6）记录钻孔相关数据并连接应变仪。20 h 后黏结胶凝固，将空心包体应力计粘牢。此时用罗盘记录钻孔的方位角及倾角，并量取应力计的安装角。从测试孔中拔出定向器及推进杆，将应力计的胶线穿过取芯钻头、钻杆及钻杆后方的水片，并按照应变计的接线要求连接好应变仪。然后将取芯钻头推至测试孔孔底，接通应变仪读取初始数据。

（7）应力解除及应变测试。用记号笔在钻杆上标记好钻进标尺，每钻进 30 mm，停钻一次，记录应变数据。解除过程中需注意应变数据的变化规律，若数据不符合应力解除的一般规律，需进行二次测量。二次测量时需在原孔中取出粘有应变计的岩芯，磨平孔底，并做锥形孔底，在孔底重新打直径为 36 mm 的小孔，重新安装空心包体，重新测量。

3.4.2 地应力测量结果筛选与计算

1. 应变数据筛选

对空心包体进行应力解除后可获得 12 组应变数据，数据远大于计算所需数据，一般通过数学统计方法计算，求取最优解。这样显得有些盲目，对于深部地应力测量结果的复杂性有些不适用。本次地应力测量结果分析，首先对测试结果进行筛选，确保参与计算的各个数据合理，符合应力解除时应变的变化规律，排除异常数据，然后对筛选数据进行计算，得出合理的地应力测量结果，并以此为测试区域的地应力值。

图 3-19 所示为应力解除曲线的一般趋势图，该曲线分为 3 个阶段：第一阶段，随着解除深度的增加，应力集中区也随之向前推进，当应力集中区到达应变片附近的岩石时，仪器所测得的应变减小，甚至变为负数；第二阶段，随着解除

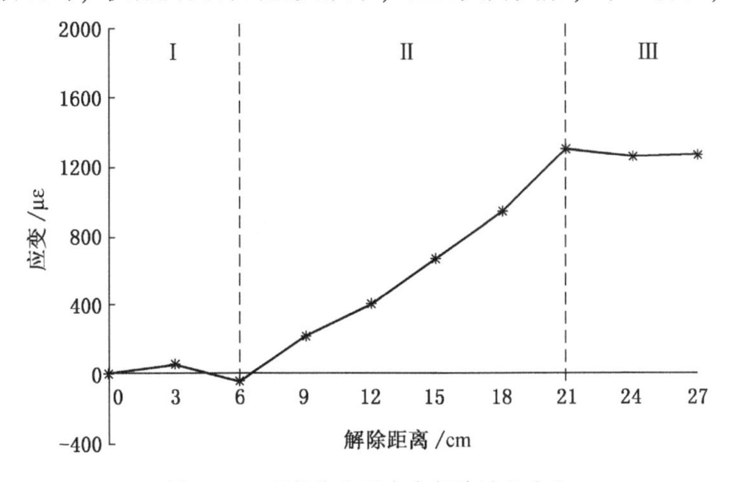

图 3-19 理想状态下应力解除过程曲线

的继续推进，应变片附近的岩石由于应力解除而产生弹性恢复，应变开始增大，并且增大速度较快；第三阶段，解除通过应变片附近的岩石，岩石充分进行了弹性恢复，应变片所感应到的应变也趋于稳定。

2. 地应力方向与分量的计算

地应力值的计算首先是以钻孔为基准建立坐标系，计算出该坐标系下的地应力值，一般用6个参量表示，即σ_x、σ_y、σ_z、τ_{xy}、τ_{yz}、τ_{zx}。其次建立该坐标系与大地坐标系之间的关系矩阵，通过换算可得到大地坐标下的地应力值，即σ_x'、σ_y'、σ_z'、τ_{xy}'、τ_{yz}'、τ_{zx}'。

根据地应力实测应变值，可计算出钻孔坐标系下的地应力值，其公式如下：

$$\varepsilon_\theta = \frac{1}{E}\{(\sigma_x + \sigma_y)k_1 + 2(1-\mu^2)[(\sigma_y - \sigma_x)\cos 2\theta - 2\tau_{xy}\sin 2\theta]k_2 - \mu\sigma_z k_4\}$$

$$\varepsilon_z = \frac{1}{E}[\sigma_z - \mu(\sigma_x + \sigma_y)]$$

$$\gamma_{\theta z} = \frac{4}{E}(1+\mu)(\tau_{yz}\cos\theta - \tau_{zx}\sin\theta)k_3$$

式中，ε_θ、ε_z、$\gamma_{\theta z}$分别是空心包体应变计所测周向应变、轴向应变和剪切应变值。

k 系数计算公式：

$$k_1 = d_1(1-\mu_1\mu_2)\left(1 - 2\mu_1 + \frac{R_1^2}{\rho^2}\right) + \mu_1\mu_2$$

$$k_2 = (1-\mu_1)d_2\rho^2 + d_3 + \mu_1\frac{d_4}{\rho^2} + \frac{d_5}{\rho^4}$$

$$k_3 = d_6\left(1 + \frac{R_1^2}{\rho^2}\right)$$

$$k_4 = (\mu_2 - \mu_1)d_1\left(1 - 2\mu_1 + \frac{R_1^2}{\rho^2}\right)\mu_2 + \frac{\mu_1}{\mu_2}$$

$$d_1 = \frac{1}{1 - 2\mu_1 + m^2 + n(1-m^2)}$$

$$d_2 = \frac{12(1-n)m^2(1-m^2)}{R_2^2 D}$$

$$d_3 = \frac{1}{D}[m^4(4m^2-3)(1-n) + x_1 + n]$$

$$d_4 = \frac{-4R_1^2}{D}[m^6(1-n) + x_1 + n]$$

$$d_5 = \frac{3R_1^4}{D}[m^4(1-n) + x_1 + n]$$

$$d_6 = \frac{1}{1 + m^2 + n(1 - m^2)}$$

$$n = \frac{G_1}{G_2} \qquad m = \frac{R_1}{R_2}$$

$$D = (1 + x_2 n)[x_1 + n + (1-n)(3m^2 - 6m^4 + 4m^6)] + (x_1 - x_2 n)m^2[(1-n)m^6 + (x_1 + n)]$$

$$x_1 = 3 - 4\mu_1 \qquad x_2 = 3 - 4\mu_2$$

式中　R_1——空心包体内半径；

R_2——安装小孔半径；

G_1、G_2——空心包体材料环氧树脂和岩石的剪切模量；

μ_1、μ_2——空心包体材料环氧树脂和岩石的泊松比；

ρ——电阻应变片在空芯包体中的径向距离。

根据钻孔参数以及空心包体安装偏转角，可建立钻孔坐标系与大地坐标系之间的关系矩阵，由此可计算出大地坐标系下的地应力值。

以上计算方法已由地质力学研究所编制成软件，计算时将筛选的应变结果带入软件计算。

3.4.3 地应力测试结果

根据塑性区测试结果和围岩岩体结构测试结果分析，鹤岗矿区地应力测点的设计深度为 7 m 时，安装空心包体应力计合理且可行。此处需说明，益新矿 2 号测点、南山矿 2 号测点以及富力矿 3 号测点因巷道围岩岩体结构探测结果显示其围岩岩体破坏范围大，不适合地应力原位测量而进行了地应力探测地点调整。本章所列地应力测点位置为调整后各测点位置。

按照上述地应力测试方法，在各地应力测量位置进行施工测量，鹤岗矿区地应力测点及钻孔技术参数见表 3-3，应力解除过程曲线如图 3-20 所示。

钻孔施工过程中，钻取空心包体安装位置附近的岩芯，并在实验室制备岩石试件，通过室内实验得到测点位置的岩石力学参数（表 3-4）。根据实测的应变数据、测点岩石力学参数及钻孔的几何参数，可分析计算得出该测点的地应力分量及主应力的大小和方向。计算时在相应计算软件中输入经过筛选后的地应力测试数据，即可得到合理的地应力结果，并以此作为地应力实测值。

表 3-3 鹤岗矿区地应力测点及钻孔技术特征表

测点	深度/m	位置	钻孔		
			孔深/m	方位角/(°)	倾角/(°)
峻德 1 号	940	三水平北一皮带石门	7.3	181	3
峻德 2 号	470	三水平北三九层专用回风石门	7.4	144	5
峻德 3 号	627	三水平南三区-363 m 总轨道石门	7.1	26	4
兴安 1 号	730	四水平 17 层中部区二段总机道	7.2	129	3
兴安 2 号	754	四水平北 11 层一二区二段总机道	6.9	350	4
兴安 3 号	563.5	三水平南边界石门	7.4	188	3
富力 1 号	720	-450 南扩区 18-2 层大巷	7.5	265	4
富力 2 号	800	-530 m18-2 层大巷	7.2	170	3
富力 3 号	880	三水平一分段-610 m 南 11 层大巷	7.3	188	3
新陆 1 号	940	-650 m 北 11 层一石门	7.2	173	3
新陆 2 号	990	-700 m 临时水仓	7.5	143	5
新陆 3 号	830	-540 m 里部区回风联巷	7.1	82	4
南山 1 号	539	东部区北部-120 m 总回巷道	7.310	30	4
南山 2 号	539	东部区北部-120 m 总回巷道	6.9	30	5
南山 3 号	508	东部区-180 m 运输大巷与设备道上山交叉处	6.8	136	5
南山 4 号	631	东部区北部-310 m 强力带式输送机运输巷迎头	7.1	47	5
南山 5 号	478	东部区南部-160 m 总回巷道	6.9	27	5
益新 1 号	487	22 层机道	7.2	121	3
益新 2 号	635	北一带式输送机暗斜井	7.3	94	4
益新 3 号	561	南一石门入风上山	7.1	79	4
兴山 1 号	459	三水平南翼带式输送机运输巷	7	225	4
兴山 2 号	706	深部区缆车暗井下山-340 m 标高底弯处	7	175	4
兴山 3 号	458	东扩区新区-90 m 标高岩巷	7	5	4
兴山 4 号	466	三水平北大巷	7	265	3

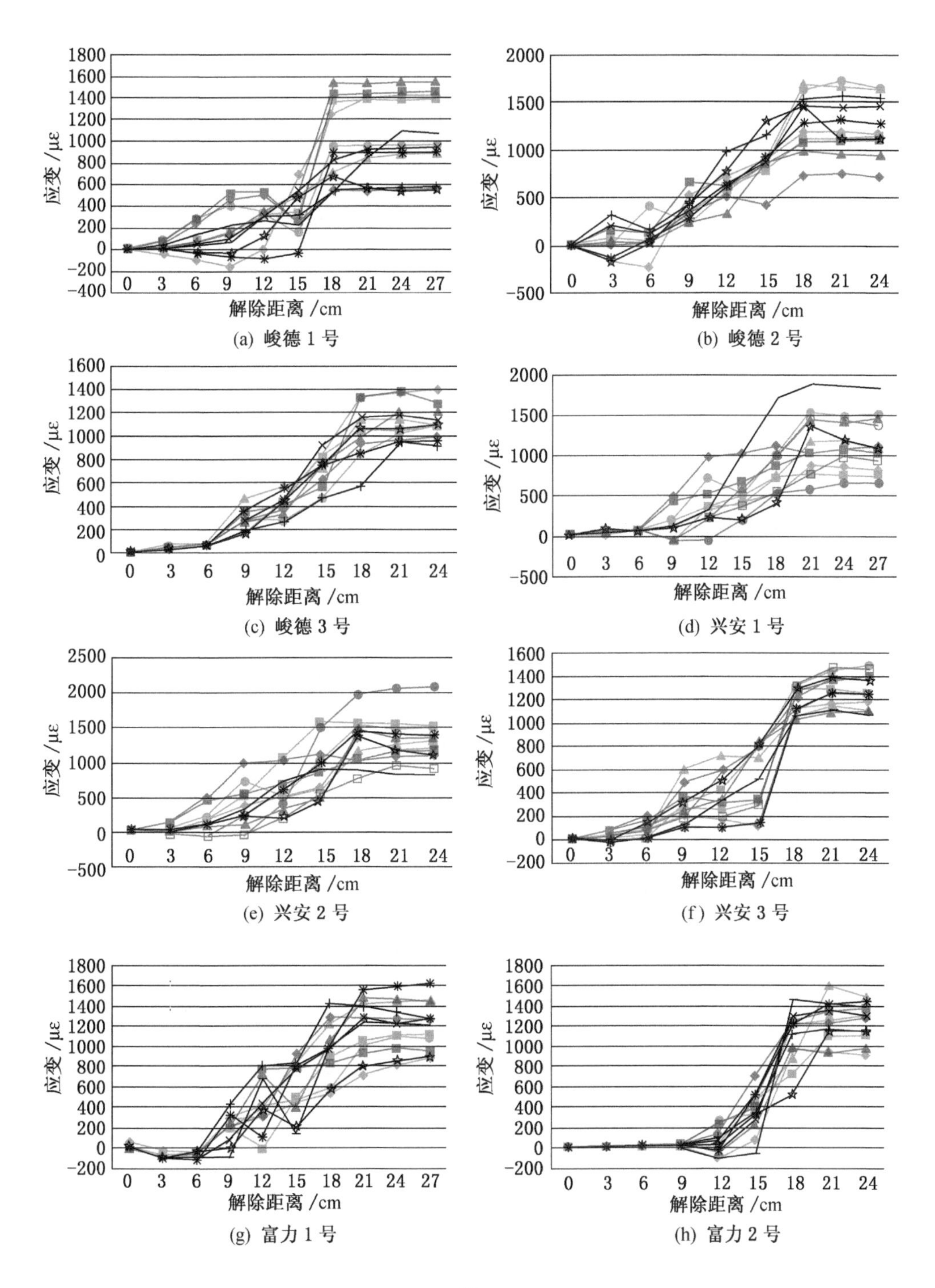

(a) 峻德 1 号 (b) 峻德 2 号

(c) 峻德 3 号 (d) 兴安 1 号

(e) 兴安 2 号 (f) 兴安 3 号

(g) 富力 1 号 (h) 富力 2 号

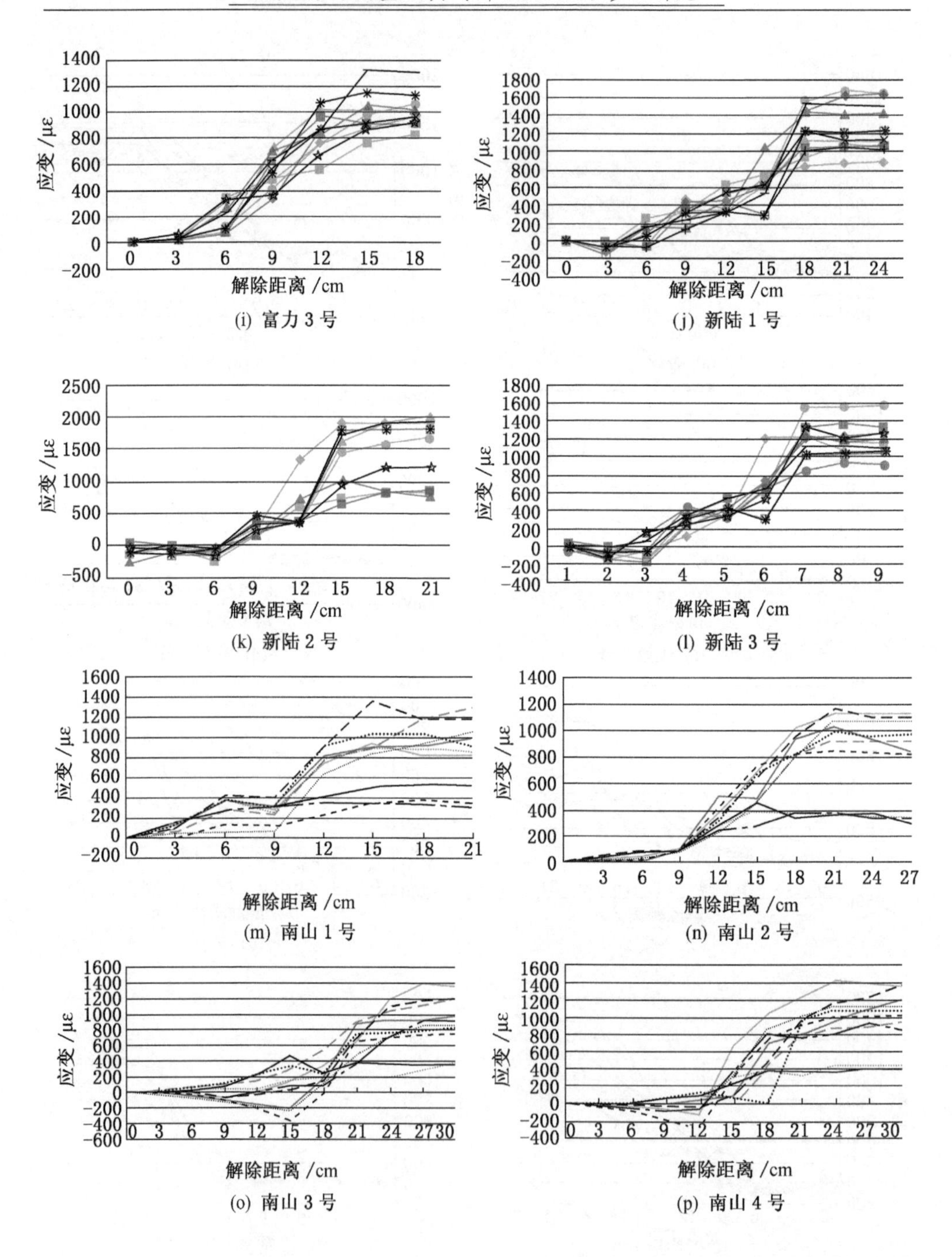

(i) 富力 3 号

(j) 新陆 1 号

(k) 新陆 2 号

(l) 新陆 3 号

(m) 南山 1 号

(n) 南山 2 号

(o) 南山 3 号

(p) 南山 4 号

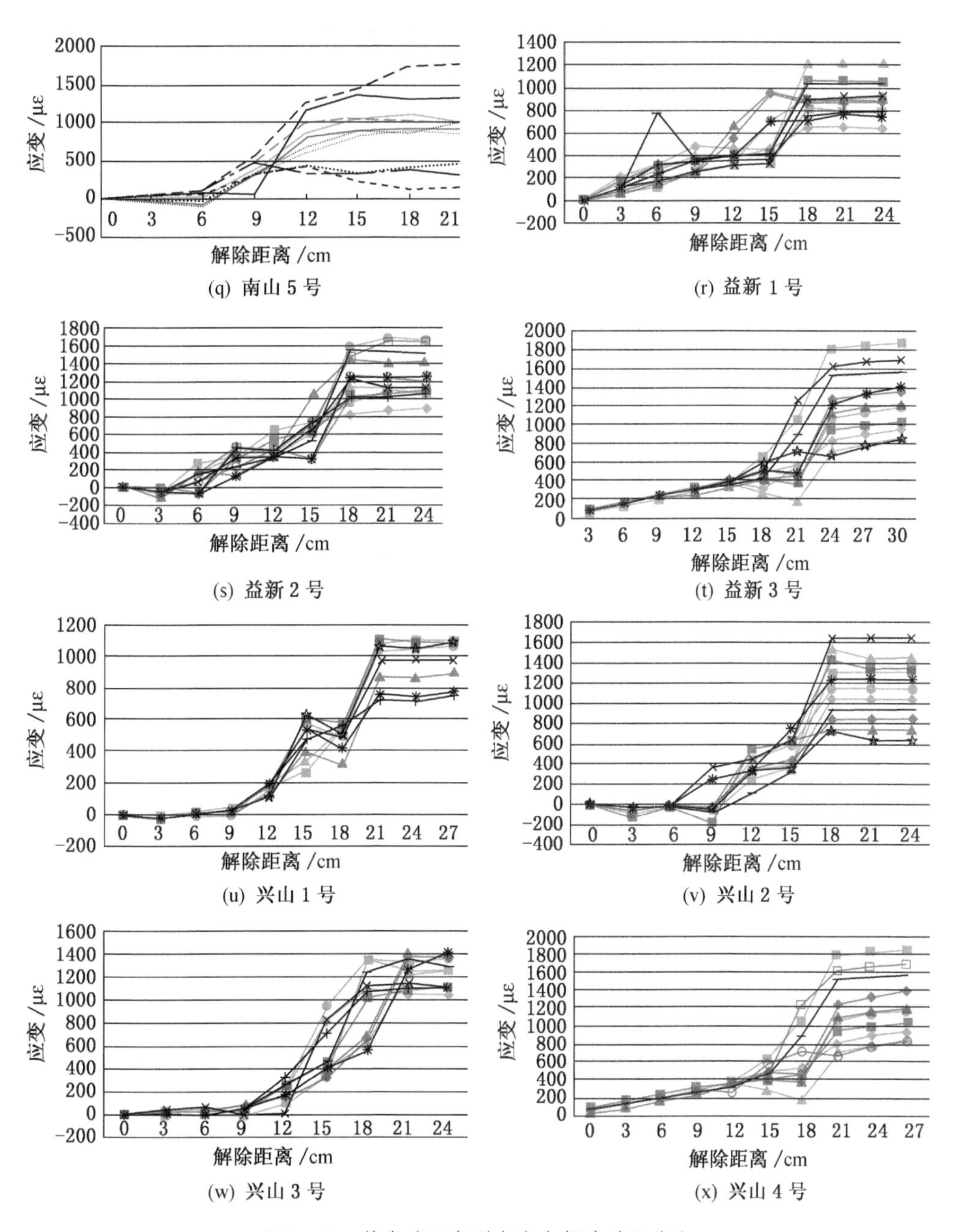

图3-20 鹤岗矿区各测点应力解除过程曲线

表 3-4 鹤岗矿区岩石力学参数汇总表

岩石组别	单轴抗压强度/MPa	弹性模量/MPa	泊松比
峻德 1 号	53	23000	0.15
峻德 2 号	67	13000	0.23
峻德 3 号	61	18000	0.25
兴安 1 号	49.8	19329	0.24
兴安 2 号	47.2	19168	0.24
兴安 3 号	56.3	18102	0.22
富力 1 号	61	15000	0.17
富力 2 号	67	23000	0.23
富力 3 号	53	25000	0.25
新陆 1 号	53.5	23782	0.26
新陆 2 号	54.9	25742	0.24
新陆 3 号	50.1	21734	0.23
南山 1 号	35	20800	0.29
南山 2 号	35	20800	0.29
南山 3 号	50	20800	0.29
南山 4 号	80	20230	0.16
南山 5 号	60	23300	0.34
益新 1 号	51.7	16000	0.20
益新 2 号	52.1	14000	0.20
益新 3 号	56.3	14000	0.20
兴山 1 号	56	18243	0.21
兴山 2 号	53	19932	0.23
兴山 3 号	58	20134	0.22
兴山 4 号	51	19234	0.25

3.5 地应力测量结果分析

本章根据地应力测点确定原则，在鹤岗矿区各典型冲击矿井进行了地应力测点布置，通过塑性区测试以及围岩岩体结构探测，对地应力测点施工的可行性进行检测，同时确定了地应力测试钻孔的深度；然后根据地应力探测步骤进行地应力施工，得到各测点的应变数据，通过原始数据筛选以及结果筛选，得到地应力测量最优解。鹤岗矿区地应力测量结果汇总表见表 3-5，汇总图如图 3-21 所示。

表 3-5 鹤岗矿区地应力测量结果汇总表

测点	钻孔位置	埋深/m	主应力				垂直应力/MPa
			主应力	大小/MPa	方位角/(°)	倾角/(°)	
峻德 1 号	三水平北一皮带石门	720	σ_1	33.42	87	-8.2	21.16
			σ_2	18.73	177	-23	
			σ_3	10.81	267	-52	
峻德 2 号	三水平北三九层专用回风石门	470	σ_1	22.87	79	8.7	13.2
			σ_2	10.87	237	-13	
			σ_3	8.29	152	-62	
峻德 3 号	三水平南三区-363 m 总轨道石门	627	σ_1	32.5	111.5	-2.5	17.49
			σ_2	16.42	-62	-14.4	
			σ_3	14.41	205	-56.4	
兴安 1 号	四水平 17 层中部区二段总机道	730	σ_1	30.10	113.07	12.12	23.61
			σ_2	16.89	20.93	9.88	
			σ_3	14.97	252.75	74.26	
兴安 2 号	四水平北 11 层一二区二段总机道	754	σ_1	32.72	69.16	4.16	24.03
			σ_2	16.85	167.23	62.63	
			σ_3	14.75	259.35	26.99	
兴安 3 号	三水平南边界石门	563.5	σ_1	30.48	86.6	1.72	13.95
			σ_2	14.47	193.6	84.14	
			σ_3	14.09	103.7	-5.60	
富力 1 号	-450 m 南扩区 18-2 层大巷	720	σ_1	35.9	90.9	1.6	21.67
			σ_2	22.3	181	19.8	
			σ_3	10.6	-4.3	73.1	
富力 2 号	-530 m 南 18-2 层大巷	800	σ_1	39.2	76	2.59	18.69
			σ_2	21.2	261	32.6	
			σ_3	10.1	170	57.2	
富力 3 号	三水平一分段-610 m 南 11 层大巷	880	σ_1	41.2	95.4	4.3	22.37
			σ_2	25.7	184.3	-5.9	
			σ_3	18.9	78.8	64.2	

表 3-5（续）

测点	钻孔位置	埋深/m	主应力				垂直应力/MPa
			主应力	大小/MPa	方位角/(°)	倾角/(°)	
新陆 1 号	-650 m 北 11 层一石门	940	σ_1	39.64	264.89	10.24	26.14
			σ_2	21.27	-32.27	78.43	
			σ_3	18.81	175.86	-5.34	
新陆 2 号	-700 m 临时水仓	990	σ_1	39.79	116.66	7.57	27.93
			σ_2	24.09	25.68	7.35	
			σ_3	19.95	252.00	79.42	
新陆 3 号	-540 m 里部区回风联巷	830	σ_1	35.49	90.44	4.61	20.98
			σ_2	17.57	-62.50	84.83	
			σ_3	15.40	180.62	2.34	
南山 1 号	东部区北部-120 m 总回风巷	539	σ_1	27.878	132.817	-8.138	14.223
			σ_2	23.383	-80.934	-78.472	
			σ_3	19.972	228.426	7.949	
南山 2 号	东部区北部-120 m 总回风巷	539	σ_1	25.729	133.117	-8.638	14.438
			σ_2	23.267	-80.934	-78.072	
			σ_3	20.027	228.436	7.949	
南山 3 号	东部区-180 m 运输大巷	508	σ_1	23.892	124.116	18.002	12.946
			σ_2	20.672	226.342	-40.549	
			σ_3	18.837	177.917	20.877	
南山 4 号	东部区-310 m 强力皮带巷	631	σ_1	31.813	136.13	6.818	17.258
			σ_2	25.955	65.211	-76.201	
			σ_3	22.33	222.134	-14.656	
南山 5 号	东部区-160 m 运输大巷	478	σ_1	25.576	125.34	-10.027	13.435
			σ_2	23.892	68.464	63.403	
			σ_3	16.785	219.347	17.022	
益新 1 号	22 层机道	487	σ_1	21.7	107.3	7.74	13.6
			σ_2	9.8	25.5	13.3	
			σ_3	8.7	236.7	74.5	

表 3-5（续）

测点	钻孔位置	埋深/m	主应力				垂直应力/MPa
			主应力	大小/MPa	方位角/(°)	倾角/(°)	
益新 2 号	北一皮带暗斜井	635	σ_1	19.0	89.3	0.23	13.4
			σ_2	10.5	179.4	24.6	
			σ_3	9.9	269.9	65.3	
益新 3 号	南一石门入风上山	561	σ_1	20.3	70.7	-0.22	12.0
			σ_2	11.5	157.7	85.7	
			σ_3	8.9	247.7	4.22	
兴山 1 号	三水平南翼带式输送机巷	459	σ_1	17.9	116.5	3.01	11.7
			σ_2	9.4	-33.2	79.8	
			σ_3	9.3	219.3	9.65	
兴山 2 号	深部区缆车暗井下山-340 m 标高底弯处	708	σ_1	21.6	107.2	11.01	15.76
			σ_2	11.3	-39.3	17.8	
			σ_3	8.6	162.8	72.0	
兴山 3 号	东扩区新区-90 m 标高岩巷	458	σ_1	18.6	-84.3	-14	11.10
			σ_2	16.5	184	-6.6	
			σ_3	13.2	249.7	74	
兴山 4 号	三水平北大巷	466	σ_1	14.7	82.7	3.9	11.11
			σ_2	8.0	-16.7	67.1	
			σ_3	7.2	174.3	22.4	

根据深部地应力测试，在鹤岗矿区典型冲击矿井布置了 24 个地应力测点并进行了原位测量，其中峻德矿、兴安矿、富力矿、新陆矿、益新矿各分布有 3 个测点，南山矿分布有 5 个测点，兴山矿分布有 4 个测点。对测量结果进行统计分析，可得到以下结论：

（1）鹤岗矿区地应力场类型。由鹤岗矿区地应力测量结果可知，鹤岗矿区地应力测量的 3 个主应力，有两个位于水平方向，与水平方向夹角小于 20°，或近似为 20°。另外一个主应力与水平方向夹角大于 60°，符合地应力分布的一般规律。鹤岗矿区 24 个测点的最大主应力位于水平方向，与水平方向的夹角小于 20°。由此可以说明，鹤岗矿区的地应力场受构造应力影响明显，为典型的构造应力场类型。

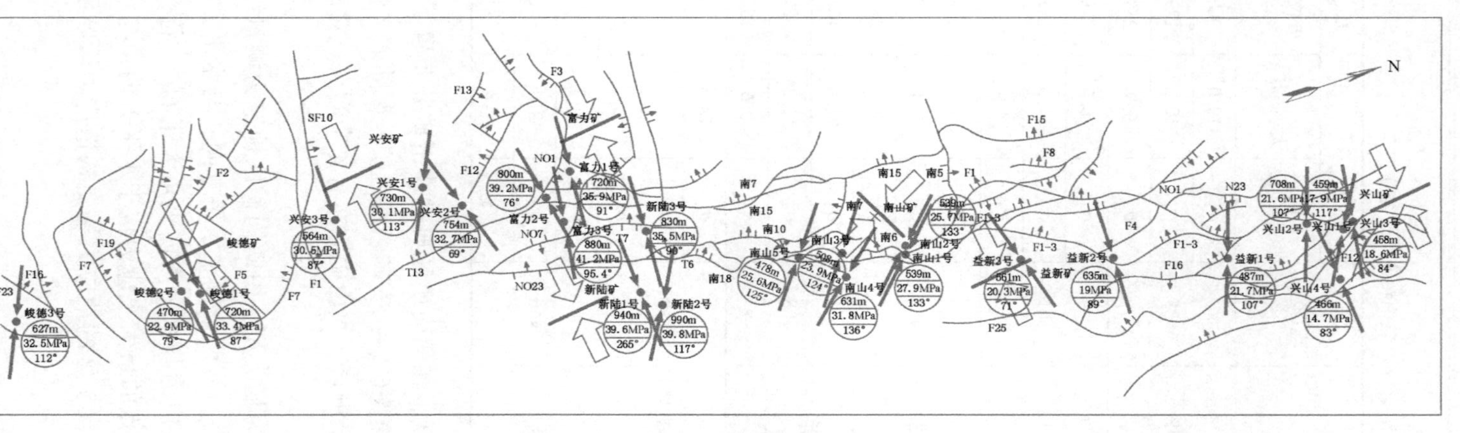

图3-21 鹤岗矿区地应力测量结果汇总图

分析鹤岗矿区地应力测量结果可知，鹤岗矿区的地应力类型分为两类：①$\sigma_H > \sigma_h > \sigma_v$，最大水平主应力及最小水平主应力大于垂直应力，鹤岗矿区共分布有12个测点，其中峻德矿的3个测点、富力矿的3个测点的地应力测量结果均表明，峻德矿和富力矿最大水平主应力和最小水平主应力大于垂直应力，此类型的测点益新矿分布有2个，兴山矿分布有2个，兴安矿分布有1个，新陆矿分布有1个，埋深大于600 m的测点有9个，占此类型测点总数的75%；②$\sigma_H > \sigma_v > \sigma_h$，最大水平主应力大于中间主应力大于最小水平主应力，此类型的测点在鹤岗矿区共有12个，埋深小于600 m的测点有8个，占此类型测点总数的67%。

综上所述，鹤岗矿区地应力场为典型的构造应力场类型，水平主应力与垂直应力的关系不仅受区域构造影响，具有区域性，同时与埋深有着密切的关系。鹤岗矿区$\sigma_H > \sigma_h > \sigma_v$型应力场特点主要表现在埋深小于600 m的区域，$\sigma_H > \sigma_v > \sigma_h$型的应力场特点主要表现在埋深大于600 m的区域内。

（2）鹤岗矿区最大水平主应力的方向。根据鹤岗矿区地应力实测结果，可将各典型冲击矿井最大水平主应力方向统计如下：

峻德矿：最大水平主应力方位角为79°~111.5°。

兴安矿：最大水平主应力方位角为69.16°~113.07°。

富力矿：最大水平主应力方位角为76°~95.4°。

新陆矿：最大主应力方位角范围为84.89°~116.66°。

南山矿：最大水平主应力方位角为124.116°~136.13°。

益新矿：最大水平主应力方位角为70.7°~107.3°。

兴山矿：最大水平主应力方位角为82.7°~116.5°。

如图3-22所示，鹤岗矿区最大水平主应力方向与构造分析结果基本吻合，整体应力场方向为北东东向，或近东西向，受喜山晚期构造活动影响明显。局部区域受喜山中期残余构造应力场影响，表现为北西西向。南山矿最大水平主应力为北西—南东向，与构造分析结果吻合，受喜山中期构造应力场影响明显。

（3）鹤岗矿区地应力大小随深度的变化规律。鹤岗矿区各测点的最大水平主应力值随深度的增加有明显的增加趋势：埋深为400~500 m时，其最大水平主应力范围为14.7~25.6 MPa；埋深为500~600 m时，最大水平主应力范围为20.3~30.5 MPa；埋深为600~700 m时，最大水平主应力范围为19~32.5 MPa；埋深为700~800 m时，最大水平主应力范围为21.6~39.2 MPa；埋深为800~900 m时，最大水平主应力范围为35.5~41.2 MPa；埋深为900~100 m时，最大水平主应力范围为39.6~39.8 MPa。由此可以看出，虽然随着埋深的增大，最大水平主应力整体增大，但各埋深水平最大水平主应力最大值和最小值相差10~

20 MPa，有明显的区域性，受区域构造影响较大。

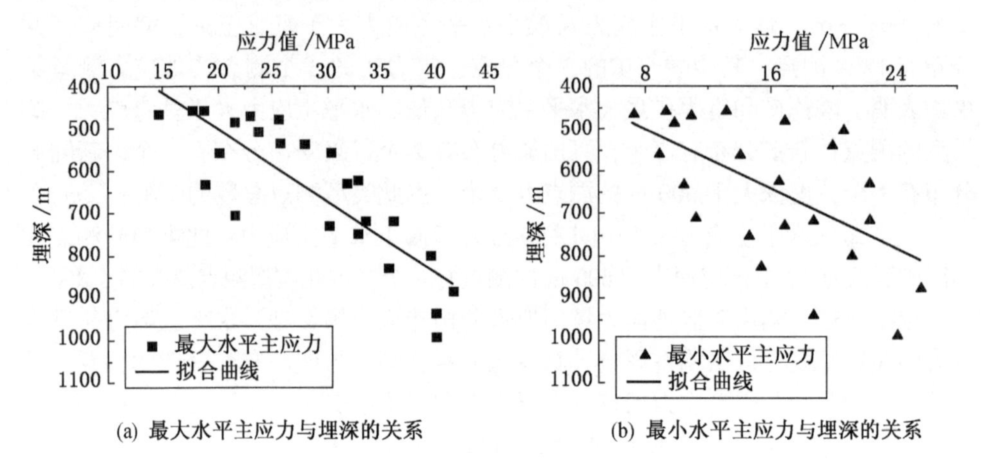

(a) 最大水平主应力与埋深的关系　　(b) 最小水平主应力与埋深的关系

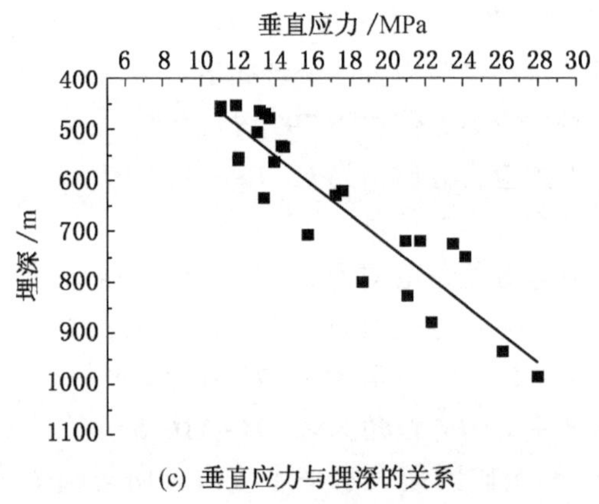

(c) 垂直应力与埋深的关系

图 3-22　鹤岗矿区地应力与埋深的关系

①最大水平主应力随埋深的变化。根据鹤岗矿区地应力实测结果，可将最大水平主应力与埋深的关系绘制成图，并对应力值与埋深的关系进行线性拟合，如图 3-22a 所示。其拟合方程为：$\sigma_H = 1.768 + 0.04128H$，相关系数 $r = 0.84226 > 0.8$，最大水平主应力与埋深相关性较大。

②最小水平主应力随埋深的变化。将最小水平主应力与埋深的关系绘制成图，并对应力值与埋深的关系进行线性拟合，如图 3-22b 所示。其拟合方程为：$\sigma_h = 4.027 + 0.019H$，相关系数 $r = 0.5759$，$0.5 < r < 0.8$，最小水平主应力与埋深相关度为中等。

③垂直应力随埋深的变化。根据鹤岗地应力实测数据绘制垂直应力与埋深的

关系图，并进行线性拟合，如图 3-22c 所示。其拟合方程为：$\sigma_v=-1.711+0.029H$，相关系数 $r=0.92228$，$r>0.8$，垂直应力与深度高度相关，相关关系为正相关。同时可从拟合曲线中看出，鹤岗矿区岩层平均重力密度为 0.029 kN/m^3，略大于国际统计的岩层平均重力密度值。

（4）水平应力与垂直应力比值的分布规律。鹤岗矿区 K_1、K_2 与埋深的关系如图 3-23 所示。

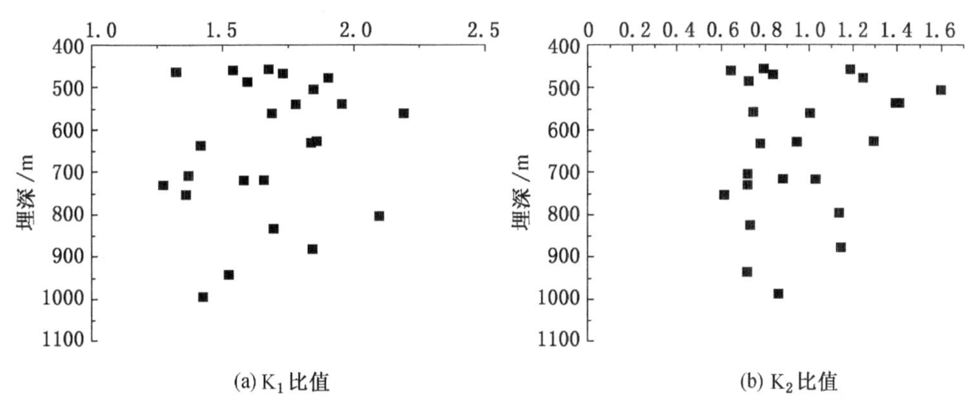

图 3-23　鹤岗矿区 K_1、K_2 与埋深的关系

①最大水平主应力与垂直应力比值（K_1）的分布规律。鹤岗矿区最大水平主应力与垂直应力的比值范围为 1.3~2.2，平均值为 1.7。在埋深小于 900 m 的范围内，K_1 值一般大于 1.5，分布不具有规律性；埋深大于 900 m 时，K_1 值小于 1.5，最大水平主应力和垂直应力值逐渐接近。

②最小水平主应力与垂直应力比值（K_2）的分布规律。鹤岗矿区最小水平主应力与垂直应力的比值范围为 0.6~1.6，平均值为 1.0。探测范围内无明显分布规律。

3.6　本章小结

本章针对空心包体应力解除法在深部地应力测量过程中遇到的技术问题，提出了深部地应力测量方法，即通过围岩塑性区测试和岩体结构测试，确定地应力测孔深度，保证空心包体应力计安装位置岩体结构的完整性，同时对地应力测试工具进行了改进，将原有定向器用以定向的圆盘改装为带有锥形头的圆筒，提高了应力解除法地应力测量的成功率，并且将该测量方法用于鹤岗矿区地应力原位测量，取得了良好的测量结果。根据应力解除曲线的一般规律，对地应力测量原始数据进行筛选，计算取得合理的计算结果，并以此作为鹤岗矿区地应力实测值。可将本章研究成果归结如下：

（1）根据地应力测点确定原则，通过现场地质条件分析，并结合各典型冲击矿井的实际生产情况，对鹤岗矿区进行了地应力测点布置，并在地应力测点进行了塑性区测试和岩体结构测试，部分不合要求的测点进行调整更换。测试结果表明，鹤岗矿区各地应力测点在测孔深度为7 m时，围岩岩体结构完整，无肉眼可识别的裂隙，同时空心包体安装深度远大于围岩塑性区范围，安装位置均分布在围岩弹性区内。

（2）根据地应力测试步骤进行现场地应力测量施工，改进后的地应力测量工具大大提高了空心包体安装的成功率，同时得到鹤岗矿区各地应力测点的应变数据。通过对原始数据进行筛选计算，得到鹤岗矿区各地应力测点的实测值。分析鹤岗矿区24个测点的地应力实测值可知，鹤岗矿区地应力场有以下特征：①鹤岗矿区地应力场为典型的构造应力场类型，最大主应力位于水平方向。鹤岗矿区$\sigma_H>\sigma_h>\sigma_v$型应力场特点主要表现在埋深小于600 m的区域，$\sigma_H>\sigma_v>\sigma_h$型的应力场特点主要表现在埋深大于600 m的区域内。②鹤岗矿区最大水平主应力方向平均为99°，近似为东西向。③鹤岗矿区各测点的最大水平主应力随深度的增加有明显的增加趋势，采用最小二乘法对地应力测量结果进行线性回归分析可知，最大水平主应力与埋深相关性较大，最小水平主应力与埋深的相关度为中等，垂直应力与埋深高度相关。鹤岗矿区岩层平均重力密度为0.029 kN/m³，略大于国际统计的平均重力密度值。④鹤岗矿区最大水平主应力与垂直应力的比值范围为1.3~2.2，平均值为1.7；在埋深小于900 m时其比值大于1.5，分布不规律；埋深大于900 m时其比值小于1.5，最大水平主应力和垂直应力值逐渐接近。鹤岗矿区最小水平主应力与垂直应力的比值范围为0.6~1.6，平均值为1.0。

4 地应力场分布规律数值模拟研究

4.1 引言

目前关于地应力场数值模拟分析应用较多的方法为有限元数学模型回归分析法、位移反分析方法、基于非线性数学的地应力反分析方法以及优化边界的地应力反分析法。这些方法都是通过调整边界荷载以期监测点位置的位移或者使地应力值与实测值一致，从而得到研究区域的地应力场分布特征。随着计算机的发展，许多学者将多元线性回归方程、神经网络、遗传算法等数学方法运用到地应力数值模拟分析中，对比数值模型中监测点的应力值或位移值，并进行误差分析，选取最优解，以得到数值模型的边界荷载值。边界荷载取值法在小区域的地应力场反演中，取得了较好的研究成果。但对于较大范围的地应力场数值模拟分析，该方法显得十分不合理，可将其原因概括为以下两点：

（1）一般认为地应力由自重应力和构造应力两部分组成，自重应力的大小取决于埋深和上覆岩层的重力密度，构造应力由区域现今构造应力场决定。区域内的地形、上覆岩层岩性、构造特征等因素对研究区域内的地应力场影响较大，各部分的地应力特征不尽相同，若对研究区域数值模拟并采用同一边界荷载，所得地应力场的分布规律并不能反映该区域的地应力场特征。

（2）地应力测量成本高，实测点布置范围不可能遍布整个研究区域，此时运用多元线性回归方程、神经网络、遗传算法等数学方法去计算数值模型的边界荷载，其计算结果是不准确的。采用误差较大的边界荷载条件对研究区域进行数值模拟分析，其结果实用价值小。

本章以鹤岗矿区为研究对象，共选取8个勘探线剖面，并以勘探线剖面为基础，分别建立二维数值模型计算，最终得出鹤岗矿区的地应力场分布规律。该方法有以下两个优点：①根据勘探线资料建立二维地质模型，模型能准确反映研究区域的工程地质情况；②边界条件采用勘探线附近的地应力实测值，模拟结果更贴近所研究剖面的地应力值。

4.2 地应力场数值模拟分析原理

地应力主要由自重应力与构造应力组成，自重应力与埋深、上覆岩层重力密度有关，其关系表达式为 $\sigma_v=\gamma h$，其中 γ 为上覆岩层重力密度，h 为埋深。构造应力一般位于水平方向，包括最大水平主应力和最小水平主应力。由于最大水平主应力对地下工程施工生产影响最大，因此工程研究中多研究最大水平主应力。

地应力数值模拟分析是对研究区域地应力场分布规律反演再现的过程。根据已知测点的地应力值反演整个研究区域的地应力场分布特征。本章以鹤岗矿区为研究对象，选取了 8 个勘探线剖面，并以这 8 个勘探线剖面为基础，分别建立二维数值模型计算，最终得出鹤岗矿区的地应力场分布规律。其研究思路如下：

（1）选取代表性勘探线。根据鹤岗矿区地质资料、地应力测点分布情况，选取 8 条代表性勘探线。

（2）确定研究区域。通过分析鹤岗矿区典型冲击矿井的生产情况，主要是现今开采水平以及未来 5 年的开采布置，确定矿区垂直方向的研究区域。

（3）岩组划分、材料参数的确定。根据研究区域的地质资料、各矿区的岩层分布情况，对研究区域的岩层进行合理划分，并根据各岩层的岩石物理力学试验结果，给出不同岩组的物理力学材料参数。

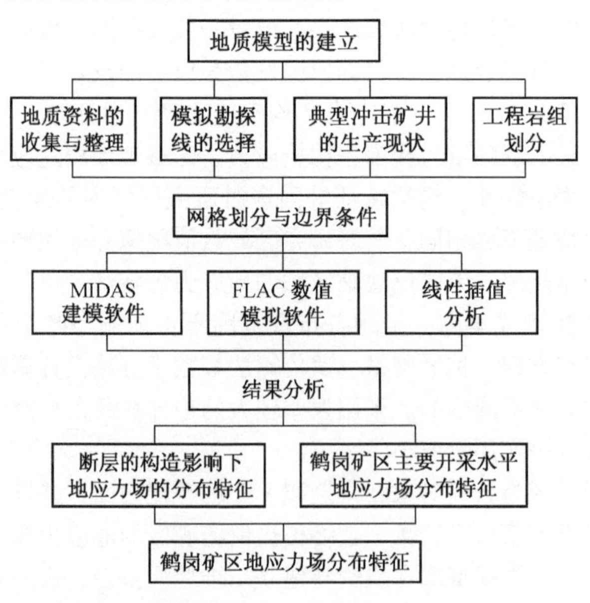

图 4-1 鹤岗矿区地应力数值模拟分析原理

（4）建立地质模型。根据工程地质条件，运用 MIDAS 软件建立二维地质模型，并对模型进行合理的网格划分。

（5）确定边界荷载。根据勘探线的地形分布资料，求取研究区域的平均埋深，并根据勘探线附近的地应力实测值，求取该研究区域的平均重力密度，从而计算出研究区域的上部荷载；同时根据勘探线附近的地应力实测值，拟合出研究区域的最大水平主应力与埋深的关系曲线，以此为该研究区域施加的水平荷载。

（6）数值计算。将建立的 8 个地质模型导入 $FLAC^{2D}$有限差分软件进行计算。

（7）结果分析。根据数值模拟计算结果，分析断层对鹤岗矿区地应力场的影响，以及鹤岗矿区主要开采水平的地应力场分布特征。

鹤岗矿区地应力数值模拟分析原理如图 4-1 所示。

4.3　地质模型的建立

4.3.1　确定模拟区域

鹤岗矿区精勘区域共有 89 条勘探线，为了使模拟结果更接近实际应力值，本章根据现有的地质资料，地应力实测点的分布情况，选取了 8 条代表性的勘探线。如图 4-2 所示。

目前鹤岗矿区共有 9 个生产矿井、1 个在建矿井，其中 7 个为冲击矿井。各矿生产情况如下：

新陆煤矿共分 8 个水平：一水平+285～+194 m、二水平+194～+75 m、三水平+75～-50 m、四水平-50～-275 m、五水平-275～-330 m、六水平-330～-440 m、七水平-400～-600 m、八水平-600～-850 m。目前主要开采七水平，现开拓最深标高已达-830 m，距地面垂高 1110 m，矿压显现突出，掘送巷道温度升高，揭煤瓦斯涌出量增大。

兴安煤矿主采水平为四水平，埋深 600 m，17-1 号煤层、11 号煤层多次发生冲击地压，严重威胁煤矿安全生产。

峻德煤矿开采深度为+20. 15～-619. 85 m，地面标高为+235 m，目前采深达到 855 m，具有典型的动力特征。

益新煤矿现有 4 个开采水平：一水平+150 m 标高，现已报废；二水平-50 m 标高，现已变为回风水平；三水平-250 m 标高，是现在的生产水平；四水平-450 m 标高，是延深水平，开采深度比较大，冲击矿压发生的危险性较高。

鹤岗矿区典型冲击矿井生产水平统计见表 4-1。

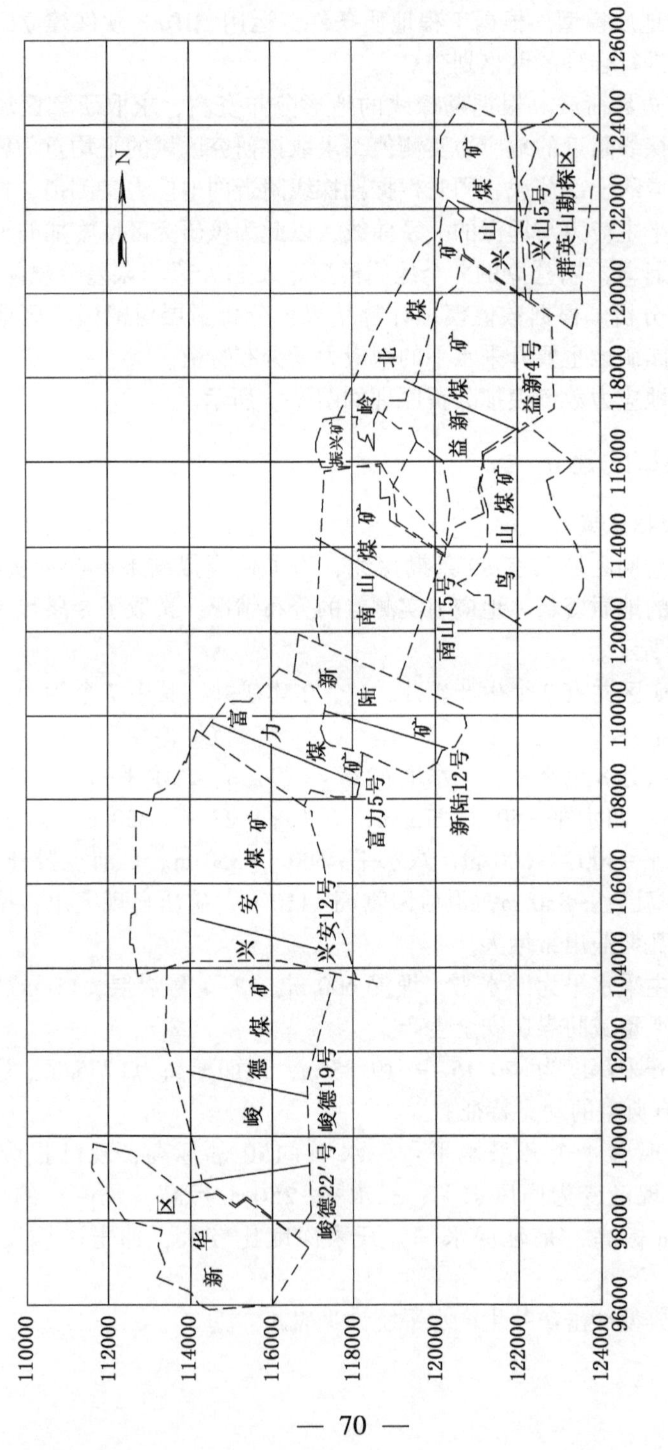

图4-2 模拟勘探线分布图

表4-1 鹤岗矿区典型冲击矿井生产水平统计表

矿井名称	开 采 水 平	拟用勘探线
新陆煤矿	一水平+285～+194 m 二水平+194～+75 m 三水平+75～-50 m 四水平-50～-275 m 五水平-275～-330 m 六水平-330～-440 m 七水平-400～-600 m 八水平-600～-850 m	新陆12号
兴安煤矿	四水平，采深：600 m	兴安12号
峻德煤矿	855 m	峻德19号 峻德22′号
益新煤矿	-250 m、-450 m	益新14号
南山煤矿	201.83～-439.85 m	南山15号
富力煤矿	-380 m、-450 m、-530 m、-610 m、-690 m	富力5号
兴山煤矿	-458 m	兴山5号

南山矿开采标高201.83～-439.85 m，现开采煤层为15层、18-2层、22层。现已开采到三水平-330 m标高。

富力煤矿南部可采煤层仅剩为11层、18-2层、21层、22层；北部仅剩18-2层和22层。其开采水平主要分布在-380 m、-450 m、-530 m、-610 m、-690 m标高。

兴山煤矿目前开采标高为-458 m水平。

各矿井生产水平统计见表4-1。目前矿区开采水平主要分布在-50～-750 m水平，由此可确定垂直模拟范围为-50～-750 m水平。

4.3.2 岩组划分

鹤岗盆地为一走向近南北，向东倾斜的单斜构造，倾角为15°～35°，煤系地层为中生界白垩系下统石头河子组、石头庙子组。其中，石头河子组为主要含煤地层，石头庙子组在石头庙子区最发育，含煤性相对较差。石头河子组由灰白色砾岩、粗砂岩、灰～灰白色中砂岩、细砂岩、深灰色粉砂岩、夹泥岩、凝灰岩和煤层组成，多以砂岩为主，局部夹有薄层砾岩；含煤40余层，可采和局部可采煤层36层。石头河子组煤系地层柱状图如图4-3所示。

本章所研究区域主要分布在石头河子组煤系地层，岩性以砂岩为主。因此可根据各勘探线剖面图，将地层分为砂岩组和含煤地层组。含煤地层组以鹤岗矿区内各煤矿的主采煤层为依据进行划分。鹤岗矿区典型冲击矿井岩层组划分情况见表4-2。

组	段	地层累积厚度/m	地层厚度/m	煤层间距/m	煤层编号	地层柱状	煤层厚度/m	岩性描述
石头河子组	富力岩段	393	100					主要由灰色细砂岩、夹薄层砾岩、黑灰色粉砂岩组成
	中部含煤段	483	90					细、粉砂岩互层，灰色水平层理
					7			煤
				40.0	8		3.0	细砂岩，浅灰色，煤
				8.0			1.43	中粗砂岩为主，夹有细、粉砂岩
					9			煤，煤质较差
				25.0			0.80	上部以细砂岩为主，夹有中砂岩，下部为粗中砂岩夹细砂岩，均为浅色
					10			煤，上部质差，下部质好
				18.0			0.60	上、下部为细砂岩，中部为中砂岩浅灰~白灰色
					11			煤，含有多层夹石
				23.0	12		1.00	中砂岩、细砂岩，夹粉砂岩薄层
					13			煤，中部有凝灰质粉砂岩
				20.0			6.00	粗、中砂岩为主，夹有细、粉砂岩灰~浅灰色
					15上			煤,顶部为煤页岩互层,中夹数层夹石
				55.0	15下		9.0	细砂岩，煤质好，硬
				2			3.5	粉砂岩、中砂岩，均为灰白色
					18-1			煤，下部质好，夹一细砂岩薄层，遇水呈褐色
				38.0			3.60	细、中砂岩为主，夹有粉砂岩
					18-2			煤
				25.0	18-2-2		4.55	细砂岩，煤
				6.0			1.10	粉砂岩、细砂岩、砂岩、粗砂岩，多为灰色
					18-3			煤、半亮煤，坚硬
				25.0			1.50	上部为粉砂岩，下部为细砂岩
				20.0	21		1.50	煤、半亮煤，局部显褐色

组	段	地层累积厚度/m	地层厚度/m	煤层间距/m	煤层编号	地层柱状	煤层厚度/m	岩性描述
石头河子组	中部含煤段							上部、下部岩性较细，为细砂岩，中部较粗，为粗砂岩，分选不好，局部含砾
					22			煤，上部夹两层细砂岩夹石
				40.0			6.40	细、粉砂岩互质
					27			煤质好，含串珠状夹石
				22.0	29		3.30	细粉砂岩互层，煤
				8.0	29		0.6	细砂岩，煤
				5.0			2.03	细砂岩
					29			劣质煤
				15.0			2.68	细砂岩、中砂岩：分选好 细砂岩
					30			煤，含有数层夹石
				30.0			5.60	上部岩性较细，为粉细砂岩 下部较粗，为粗砂岩、砂砾岩
					31			劣质煤
				35.0			1.7	中砂岩 粗砂岩 细砂岩
					32			劣质煤
				28.0			1.60	细砂岩，含砾粗砂岩 细砂岩 砾岩
	北大岭含煤段	979	496		33			劣质煤
				30.0			1.69	细砂岩、中砂岩 凝灰质粉砂岩 中砂岩
					34			劣质煤
				30.0			2.00	凝灰质粉砂岩 细砂岩、粗砂岩 凝灰质粉砂岩
					35			劣质煤
				35.0			0.70	主要为细砂岩，含少量凝灰质泥岩
					36			劣质煤
				35.0			0.8	凝灰质粉砂岩

图 4-3　石头河子组煤系地层柱状图

新陆煤矿可采煤层为1层、9-1层、9-2层、11层、18-1层、18-2层、22层，共7个煤层。正在开采的煤层为11号煤层。结合区域所选勘探线地质资料，可将岩层划分为顶板/9~13号煤层/夹层/18~27号煤层/底板5个岩层组。

表4-2　鹤岗矿区典型冲击矿井岩层组划分情况表

矿井名称	拟用勘探线	岩层组划分
新陆煤矿	新陆12号	顶板/9~13号煤层/夹层/18~27号煤层/底板
兴安煤矿	兴安12号	顶板/21~27号煤层/夹层/30~33号煤层/底板
峻德煤矿	峻德19号	顶板/21~27号煤层/夹层/30~33号煤层/底板
	峻德22′号	顶板/21~27号煤层/夹层/30~33号煤层/底板
益新煤矿	益新14号	顶板/15~22号煤层/底板
南山煤矿	南山15号	顶板/15~22号煤层/夹层/27~31号煤层/底板
富力煤矿	富力5号	顶板/7~13号煤层/夹层/18~22号煤层/底板
兴山煤矿	兴山5号	顶板/18~21号煤层/夹层/22~30号煤层/底板

兴安煤矿有可采煤层和局部可采煤层共16层，主采11号、17号、18号、21号、24号、27号、30号、33号煤层。结合区域所选勘探线地质资料，可将岩层划分为顶板、21~27号煤层、夹层、30~33号煤层、底板5个岩层组。

峻德煤矿目前开采11个煤层（3号、9号、17号、21号、22-1号、22-2号、23号、26号、30号、33号、34号）。结合区域所选勘探线地质资料，可将岩层划分为顶板、21~27号煤层、夹层、30~33号煤层、底板5个岩层组。

益新煤矿共含煤36层，多为厚及中厚煤层，可采或局部可采煤层共29层，其中全区可采的煤层共14层，目前开采6个煤层（3号、7号、8号、15号、18-1号、22号），主要开采水平分布在三水平。结合区域所选勘探线地质资料，可将岩层划分为顶板、15-22号煤层、底板3个岩层组。

南山煤矿有9个可采煤层，即3号、8号、9号、11号、15号、18-2号、22号、27号、30号。其中3号、8号、9号、11号已开采完，现开采煤号15号、18-2号、22号。结合区域所选勘探线地质资料，可将岩层划分为顶板、15-22号煤号、夹层、27-31号煤层、底板5个岩层组。

富力煤矿可采煤层4个（11号、18-2号、21号、22号），南部扩大区可采煤层5个（11号、18-2号、21号、22-1号、22号）。结合区域所选勘探线地质资料，可将岩层划分为顶板、7-13号煤层、夹层、18~22号煤层、底板5个岩层组。

兴山目前主采煤层为22层、27层、29层、30层。结合区域所选勘探线地质资料，可将岩层划分为顶板、18~21号煤层、夹层、22~30号煤层、底板5个岩层组。

4.3.3 地质模型的建立

根据鹤岗矿区各矿井岩组划分情况和岩石物理力学试验结果，确定各岩组的物理力学材料参数。顶板、夹层、底板的物理力学参数选用砂岩岩组参数，断层的模拟采用断层弱化法，对断层结构面分布的单元网格进行单独赋值。具体参数见表4-3。根据8个代表性勘探线的地质剖面图，运用MIDAS软件建立模型，其地质模型如图4-4至图4-19所示。

表4-3 鹤岗矿区代表性勘探线岩体物理力学参数取值表

序号	岩性名称	重力密度/(kg·m^{-3})	体积模量/GPa	剪切模量/GPa	抗拉强度/MPa	黏结力/MPa	内摩擦角/(°)
1	砂岩岩组	2630	2.19	1.87	0.01	1.211	36
2	煤层岩组	1380	1.05	0.95	0.015	0.188	42
3	断层	1302	0.066	0.036	0.001	0.007	30

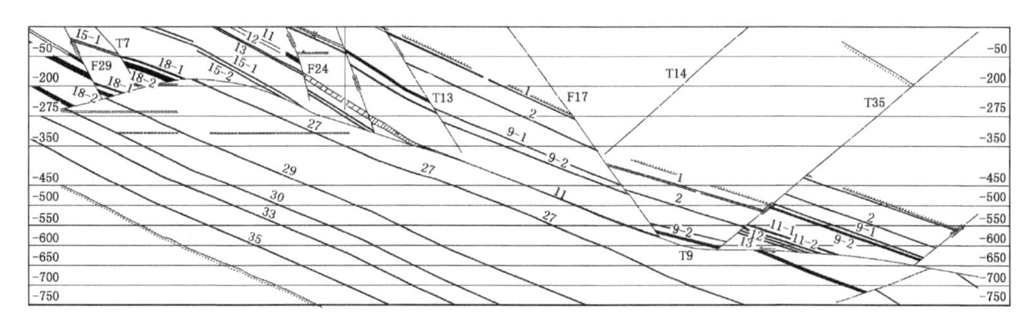

图4-4 新陆12号勘探线地质剖面图

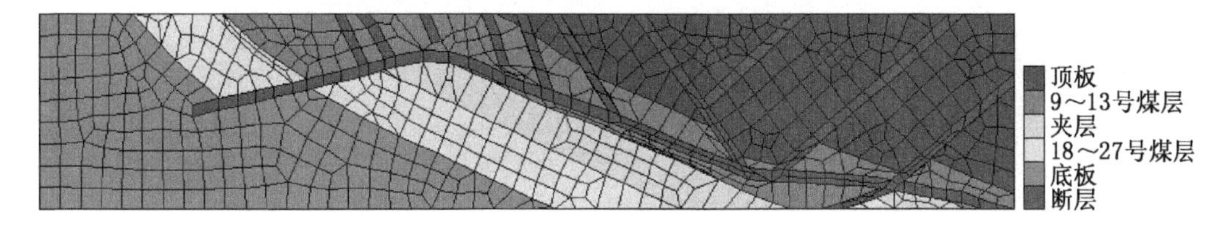

图4-5 新陆12号勘探线地质模型

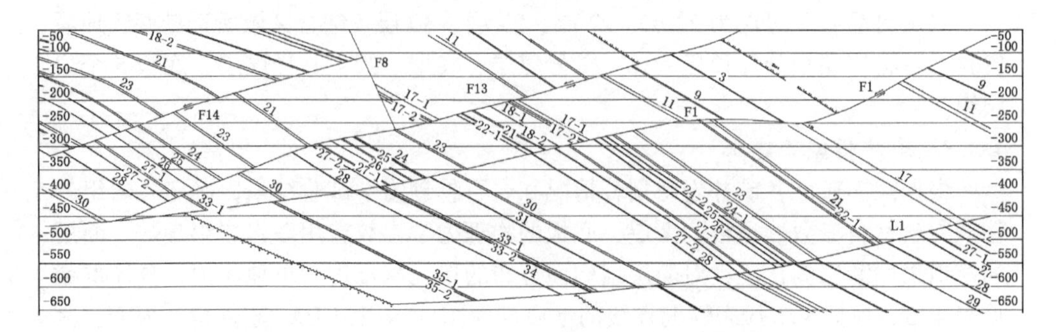

图 4-6　兴安 12 号勘探线地质剖面图

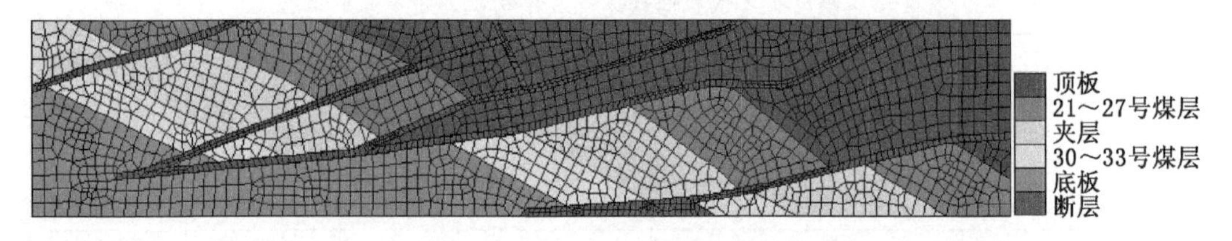

图 4-7　兴安 12 号勘探线地质模型

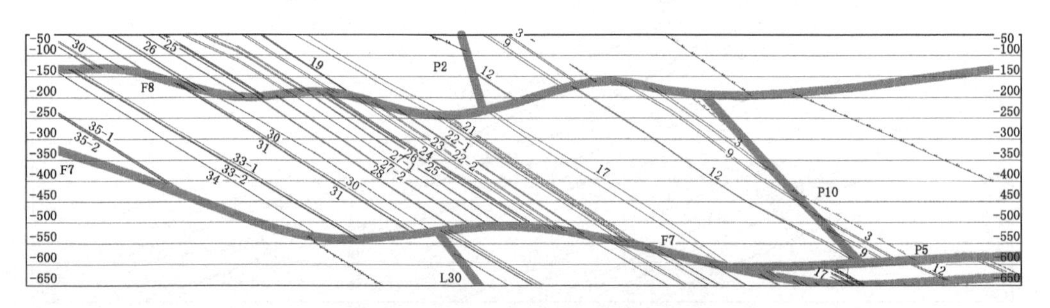

图 4-8　峻德 19 号勘探线地质剖面图

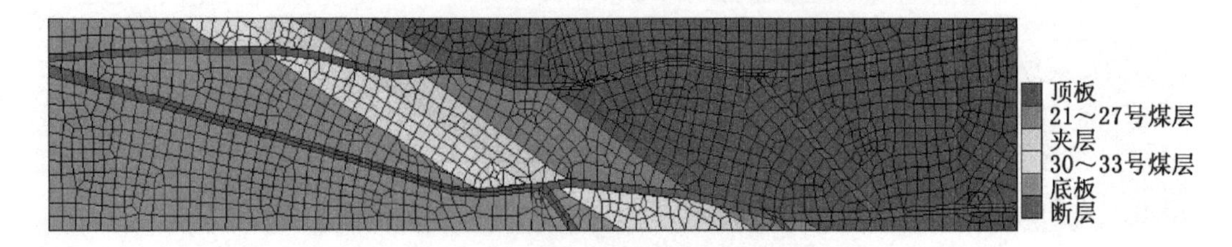

图 4-9　峻德 19 号勘探线地质模型

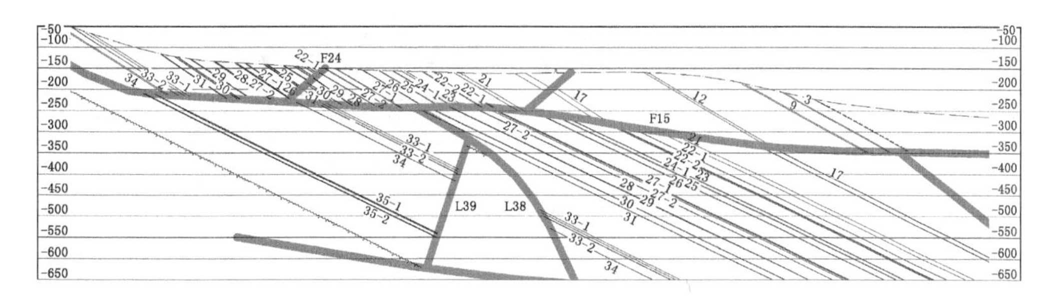

图 4-10 峻德 22′号勘探线地质剖面图

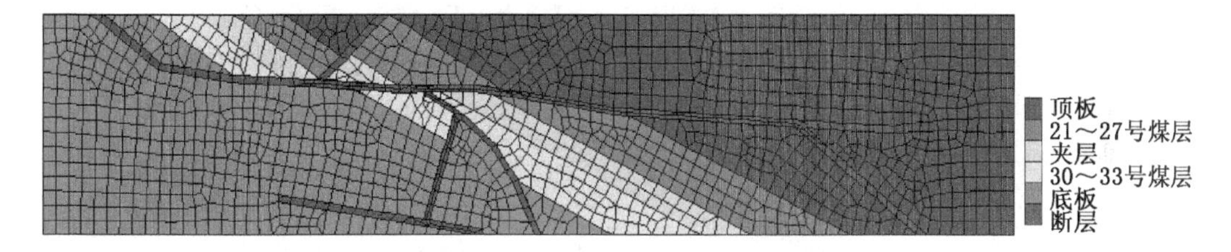

图 4-11 峻德 22′号勘探线地质模型

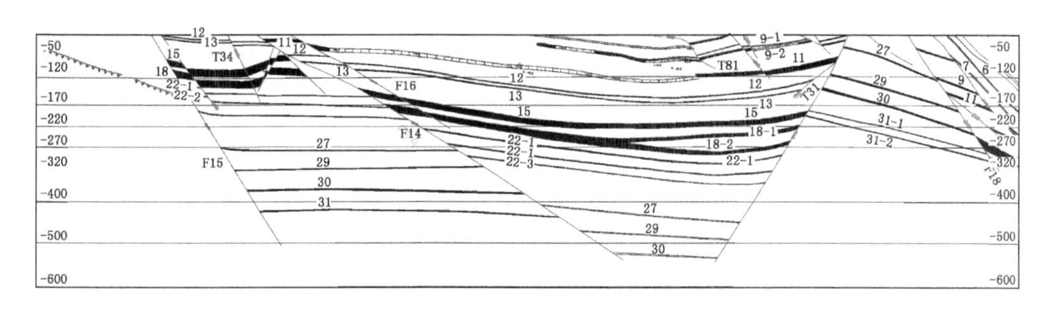

图 4-12 益新 14 号勘探线地质剖面图

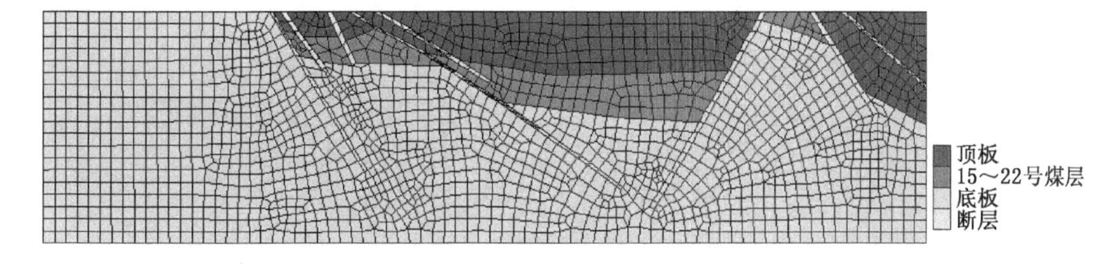

图 4-13 益新 14 号勘探线地质模型

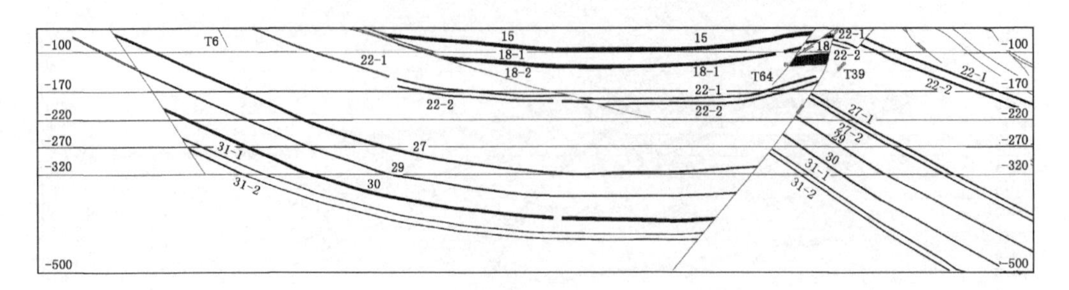

图 4-14　南山 15 号勘探线地质剖面图

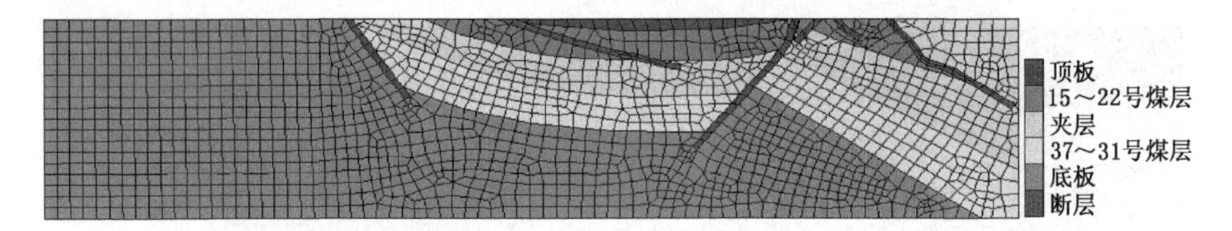

图 4-15　南山 15 号勘探线地质模型

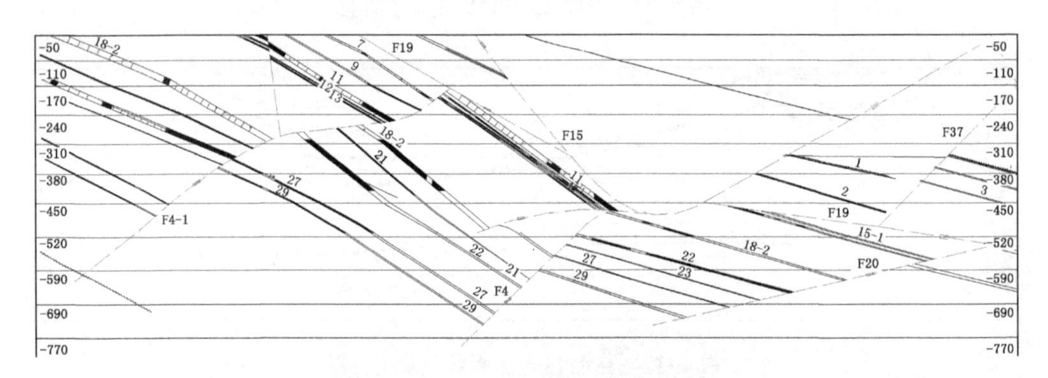

图 4-16　富力 5 号勘探线地质剖面图

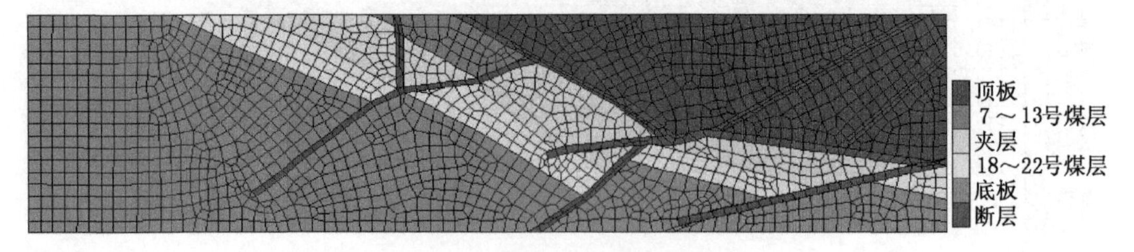

图 4-17　富力 5 号勘探线地质模型

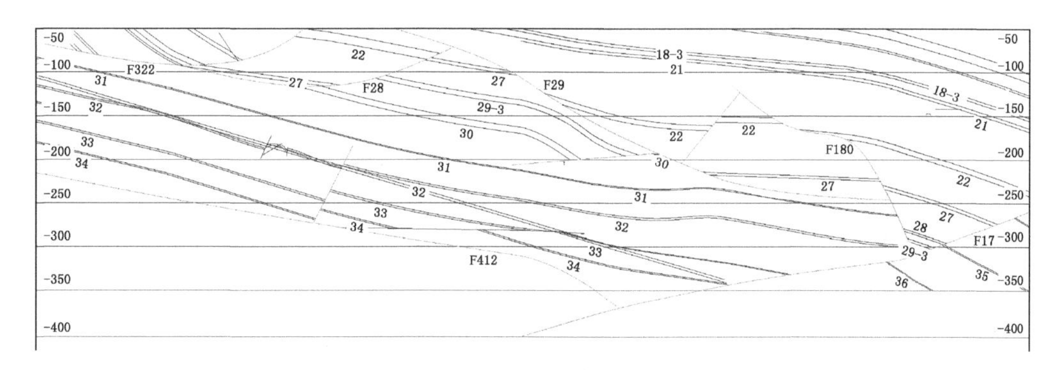

图 4-18 兴山 5 号勘探线地质剖面图

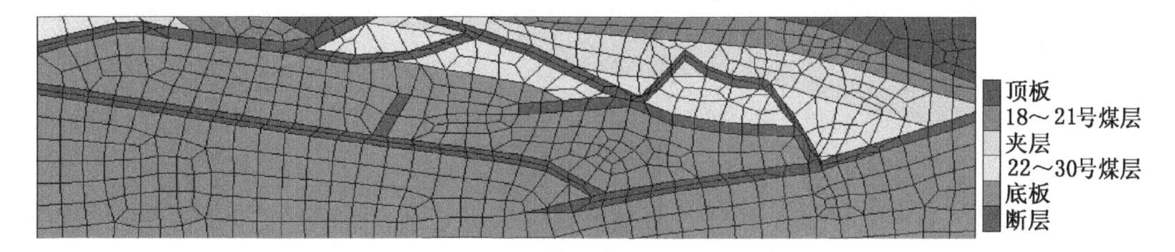

图 4-19 兴山 5 号勘探线地质模型

4.4 边界条件

FLAC 软件是基于拉格朗日差分法的有限差分程序。在工程地质、岩土力学学科有着良好的应用效果。本节根据所选的 8 个代表性勘探线的地质资料，运用 MIDAS 软件建立地质模型，并划分网格，最后导入 FLAC 软件进行计算。所建模型尺寸如下：

新陆 12 号勘探线：3047 m×700 m；

兴安 12 号勘探线：3052 m×600 m；

峻德 19 号勘探线：3052 m×600 m；

峻德 22′号勘探线：3038 m×600 m；

益新 14 号勘探线：3047 m×700 m；

南山 15 号勘探线：3047 m×700 m；

富力 5 号勘探线：3047 m×720 m；

兴山 5 号勘探线：1474 m×700 m。

本构模型采用摩尔-库仑准则。边界荷载可依据本书第 3 章的地应力探测结果确定，上部边界为自由边界，下部边界为全约束边界，左右边界为应力约束边界。

本书在第 2 章运用地质力学理论分析了各个矿区的构造特征，得出各矿区挽近应力场特征，从而确定了各矿区的地应力场方向。第 3 章运用深部地应力测试方法在各矿区进行了现场地应力测量，其测量值验证了第 2 章所确定的地应力场方向，并确定了各矿区地应力大小。由测量结果可知，各矿区地应力场方向与挽近应力场方向一致，最大水平主应力、垂直应力随深度的增加有明显的递增趋势。故在本章数值模拟部分，各地质模型上部边界荷载采用上覆岩层的重力值，左右边界荷载采用梯度荷载。由于各勘探线上覆岩层岩性、埋深不尽一致，本节对 8 个代表性勘探线的上覆岩层的重力密度、埋深进行了统计分析，以此来确定各地质模型的上部边界条件，其计算公式为

$$\overline{\sigma}_v = \overline{\gamma} h \tag{4-1}$$

$$\overline{\gamma} = \frac{\gamma_1 + \gamma_2 + \cdots + \gamma_n}{n} \tag{4-2}$$

$$\gamma_i = \frac{\sigma_{vi}}{h_i} \tag{4-3}$$

式中 $\overline{\sigma}_v$——上覆岩层平均应力值；

$\overline{\gamma}$——上覆岩层平均重力密度；

h——勘探线上部边界平均埋深；

γ_i——第 i 个地应力测点所在位置上覆岩层的重力密度；

σ_{vi}——第 i 个地应力测值的垂直应力分量；

h_i——第 i 个地应力测点所在位置的埋深。

水平边界荷载选取附近区域 3 个或 4 个测点的最大水平主应力值，进行线性拟合，以确定其荷载梯度公式。

1. 新陆 12 号勘探线

上部荷载：新陆 12 号勘探线-50 m 水平边界荷载为 9.2 MPa。

水平荷载：勘探线方位角为 107°，新陆矿区最大主应力方位角范围为 84.89°~116.66°，可直接采用最大水平主应力作为模型的水平荷载。其水平荷载梯度公式为：$\sigma_h = 11.94+0.029h$。

2. 兴安 12 号勘探线

上部荷载：兴安 12 号勘探线-50 m 水平边界荷载为 9.4 MPa。

水平荷载：勘探线方位角为 104°，兴安矿区最大水平主应力方位角为

69.16°~113.07°，可直接采用最大水平主应力作为模型的水平荷载。其水平荷载梯度公式为：$\sigma_h=31.1$。

3. 峻德19号勘探线

上部荷载：峻德19号勘探线-50 m水平边界荷载为8.8 MPa。

水平荷载：勘探线方位角为101°，峻德矿区最大水平主应力方位角：79°~111.5°，可直接采用最大水平主应力作为模型的水平荷载。其水平荷载梯度公式为：$\sigma_h=2.82+0.044h$。

4. 峻德22′号勘探线

上部荷载：峻德22′号勘探线-50 m水平边界荷载为8.7 MPa。

水平荷载：勘探线方位角为82°，峻德矿区最大水平主应力方位角：79°~111.5°，可直接采用最大水平主应力作为模型的水平荷载。其水平荷载梯度公式为：$\sigma_h=2.82+0.044h$。

5. 益新14号勘探线

上部荷载：益新14号勘探线-50 m水平边界荷载为8.5 MPa。

水平荷载：勘探线方位角为113°，益新矿区最大水平主应力方位角为70.7°~107.3°，可直接采用最大水平主应力作为模型的水平荷载。其水平荷载梯度公式为：$\sigma_h=20.3$。

6. 南山15号勘探线

上部荷载：南山15号勘探线-50 m水平边界荷载为10.2 MPa。

水平荷载：勘探线方位角：121°，南山矿区最大水平主应力平均方位角为124.116°~136.13°，可直接采用最大水平主应力作为模型的水平荷载。其水平荷载梯度公式为：$\sigma_h=1.31+0.048h$。

7. 富力5号勘探线

上部荷载：富力5号勘探线-50 m水平边界荷载为8.8 MPa。

水平荷载：勘探线方位角：112°，富力矿区最大水平主应力方位角为76°~95.4°，可直接采用最大水平主应力作为模型的水平荷载。其水平荷载梯度公式为：$\sigma_h=12.27+0.033h$。

8. 兴山5号勘探线

上部荷载：兴山5号勘探线-50 m水平边界荷载为9.1 MPa。

水平荷载：勘探线方位角：113°，兴山矿区最大水平主应力方位角为82.7°~116.5°，可直接采用最大水平主应力作为模型的水平荷载。其水平荷载梯度公式为：$\sigma_h=8.82+0.018h$。

模型荷载值统计见表4-4。

表4-4　模型荷载值统计表

拟用勘探线	平均地表标高/m	-50 m 水平埋深/m	平均重力密度/(N·m^{-3})	上部荷载/MPa	水平荷载梯度公式/MPa
新陆 12 号	290	340	0.027	9.2	11.94+0.029h
兴安 12 号	266	316	0.030	9.4	31.1
峻德 19 号	259	309	0.028	8.8	2.82+0.044h
峻德 22′号	254	304	0.028	8.7	2.82+0.044h
益新 14 号	310	360	0.023	8.5	20.3
南山 15 号	330	380	0.027	10.2	1.31+0.048h
富力 5 号	285	335	0.026	8.8	12.27+0.033h
兴山 5 号	330	380	0.024	9.1	8.82+0.018h

4.5　计算结果分析

经计算，可得到各勘探线剖面的水平应力云图和垂直应力云图，如图 4-20、图 4-21 所示。从各勘探线剖面应力云图可以看出，研究区域水平应力范围为 0~66.2 MPa，受断层影响较大，水平应力随深度的增加无明显规律；研究区域垂直应力范围为 0~48.2 MPa，在断层的影响下分布特征明显，垂直应力随着深度的增加而增加。

4.5.1　水平应力分布特征

1. 断层端部水平应力集中

从各勘探线的水平应力云图可以看出，在断层尖灭的部位水平应力值变化极大，有明显的应力集中现象，其值可增加 5~20 MPa，这些特征在新陆 12 号、兴安 12 号、峻德 22′号、益新 14 号、南山 15 号、富力 5 号和兴山 5 号勘探线的剖面水平应力云图中都有明确显示。其中在益新 14 号、兴山 5 号勘探线剖面水平应力云图中，由于两个断层尖灭部位相距较近，其应力集中影响区域也相对增大。

2. 断层倾角对水平应力分布的影响

在断层倾角接近水平时，断层周围水平应力释放区相对较小，甚至仅分布在断层破碎带内，见兴安 12 号、兴山 5 号勘探线剖面水平应力云图（图 4-20b、图 4-20h）；随着断层倾角的增大，其水平应力释放区域也相对增大，见益新 14 号、南山 15 号、富力 5 号勘探线水平应力云图。

3. 断层组合对水平应力分布的影响

鹤岗矿区断层分布广且密，容易在剖面范围内形成断层闭合区域，如兴安12号、峻德19号、峻德22′号、益新14号、南山15号、富力5号、兴山5号。经计算，在断层包围形成的闭合区域内，水平应力值小于闭合区域外的水平应力。同时当两个断层的尖灭部位距离较近时，容易在两个断层尖灭区域形成应力叠加，水平应力值远大于周围区域，如益新14号勘探线剖面水平应力云图，在应力叠加区域内，其应力值比周围应力值大至少10 MPa。

4. 岩层组合对水平应力分布的影响

为了便于数值计算，本书根据工程岩体的力学特性，对研究区域内的岩层进行划分，并赋以相应的力学参数。将岩层主要划分为两类：一类为煤层，另一类为砂岩地层。砂岩地层的力学参数如抗压强度、弹性模量等参数取值约为煤系地层相应参数值的2倍，为硬质岩层。

从各勘探线剖面水平应力云图中可以看出，在断层周围容易出现水平应力集中现象，尤其是倾角较小的断层附近，其应力集中现象更为明显。当断层穿过不同的岩层时，其水平应力分布也有其规律性，一般应力集中更容易发生在较硬的岩层中，而在岩层变化处其应力集中更为强烈。见新陆12号、兴安12号、峻德22′号、富力5号勘探线剖面水平应力云图。

(a) 新陆12号勘探线剖面水平应力云图

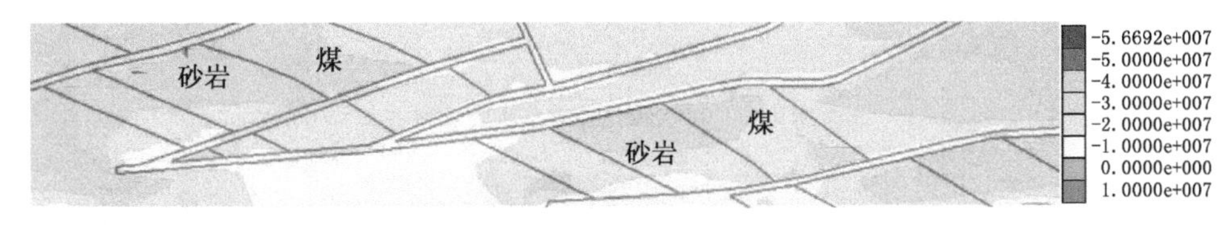

(b) 兴安12号勘探线剖面水平应力云图

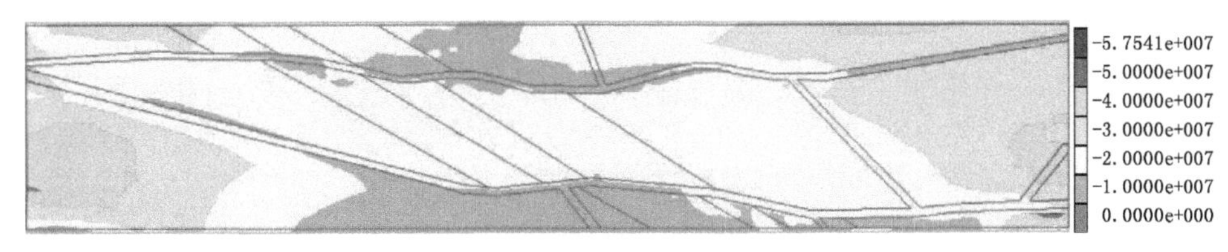

(c) 峻德19号勘探线剖面水平应力云图

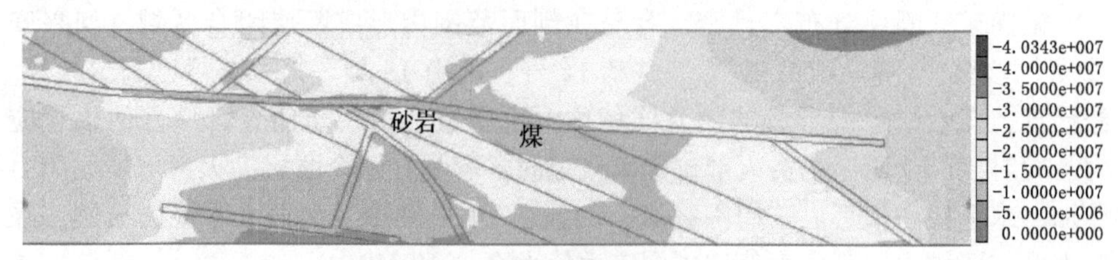

(d) 峻德 22′号勘探线剖面水平应力云图

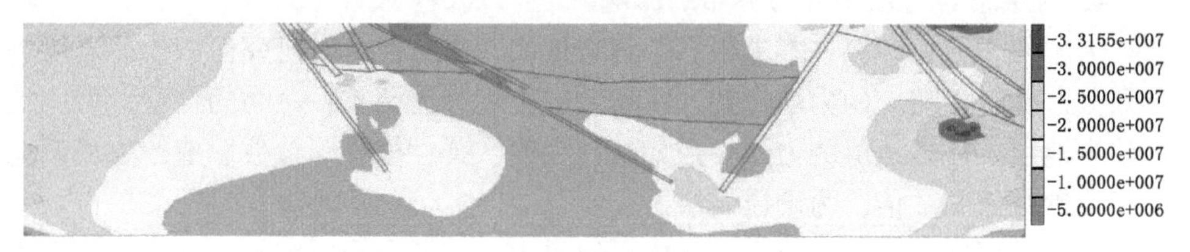

(e) 益新 14 号勘探线剖面水平应力云图

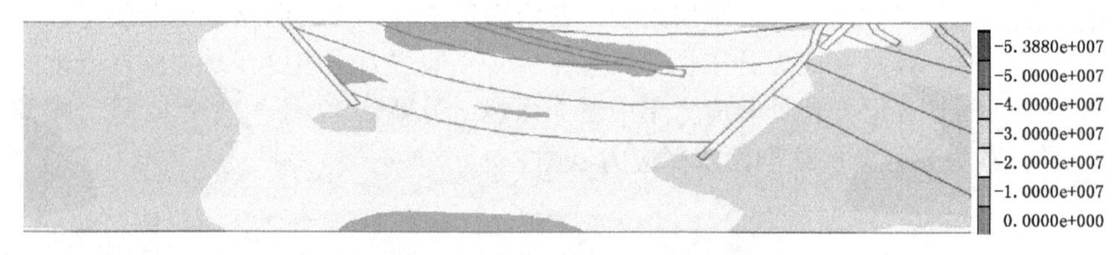

(f) 南山 15 号勘探线剖面水平应力云图

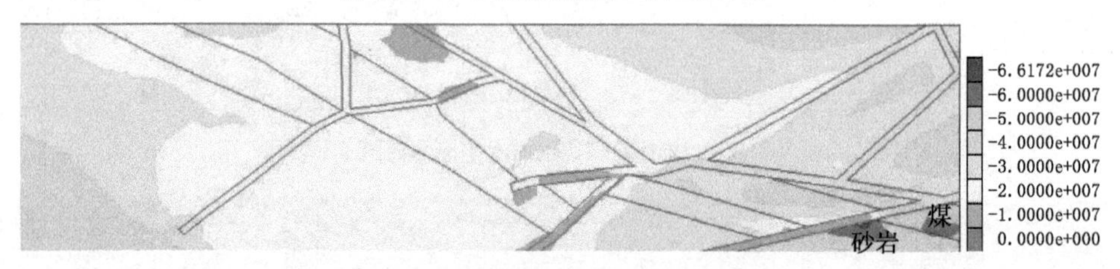

(g) 富力 5 号勘探线剖面水平应力云图

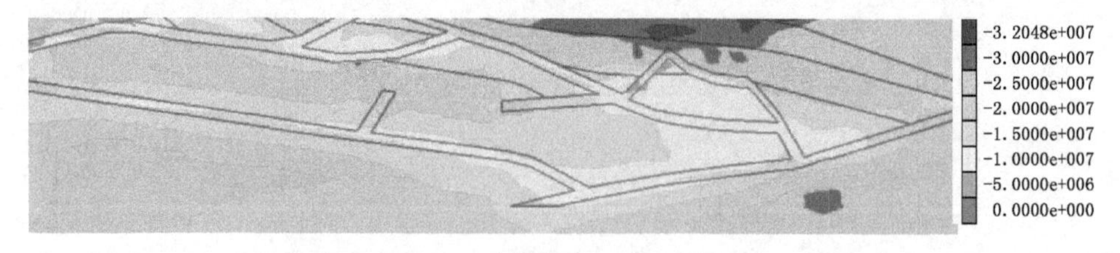

(h) 兴山 5 号勘探线剖面水平应力云图

图 4-20　勘探线剖面水平应力云图

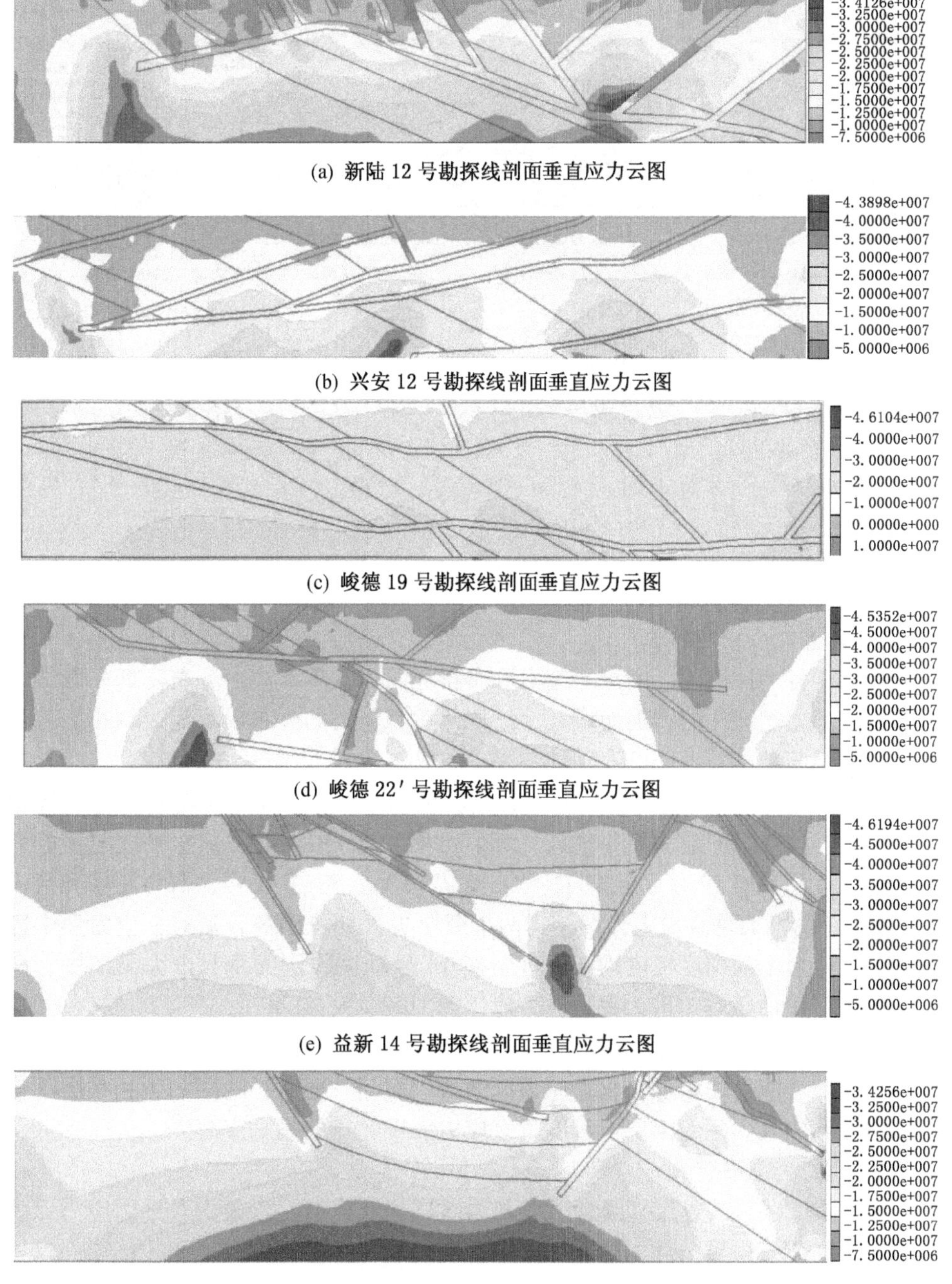

(a) 新陆 12 号勘探线剖面垂直应力云图

(b) 兴安 12 号勘探线剖面垂直应力云图

(c) 峻德 19 号勘探线剖面垂直应力云图

(d) 峻德 22′号勘探线剖面垂直应力云图

(e) 益新 14 号勘探线剖面垂直应力云图

(f) 南山 15 号勘探线剖面垂直应力云图

(g) 富力 5 号勘探线剖面垂直应力云图

(h) 兴山 5 号勘探线剖面垂直应力云图

图 4-21 勘探线剖面垂直应力云图

4.5.2 垂直应力分布特征

相对于各勘探线剖面的水平应力分布特征而言，垂直应力分布受埋深影响较大，垂直应力随埋深的增加而增大。断层对垂直应力的分布影响相对较小。可将其分布规律归结如下：

（1）断层端部垂直应力集中。各勘探线剖面的垂直应力值在断层尖灭部位变化极大，有明显的应力集中现象，其值可增加 5～30 MPa，比水平应力值的增加梯度大。见兴安 12 号、峻德 22′号、益新 14 号、南山 15 号、富力 5 号和兴山 5 号勘探线的剖面垂直应力云图。当两个断层尖灭部位距离较近时，应力集中区域叠加，应力增加梯度极度增大，在益新 14 号勘探线剖面垂直应力云图中，两个断层尖灭叠加区域，最大垂直应力值比周围区域大 30 MPa。

（2）断层上下盘垂直应力分布差异大。从各勘探线剖面垂直应力云图中可以看出，随着深度的增加，垂直应力值增大。而同一埋深，断层上盘和断层下盘应力值差异较大。一般断层下盘的垂直应力大于上盘的垂直应力。

4.5.3 主应力分布特征

本节以 8 条代表性勘探线地质资料为基础建立模型，以最大水平主应力、垂直主应力为荷载边界条件，对研究区域地应力场特征进行研究。经计算得到以下 8 个剖面的最大主应力迹线分布图（图 4-22）。经分析可以发现，剖面主应力的分布规律有以下几个特点：

（1）断层破碎带附近，剖面最大主应力方向垂直于断层倾角。

（2）断层尖灭部位不仅容易发生应力集中，而且最大主应力方向也会发生较大的变化。

（3）断层交叉部位容易出现应力扰动区，主应力方向紊乱。

（4）在离断层较远的区域，其最大主应力方向与区域主应力方向一致。

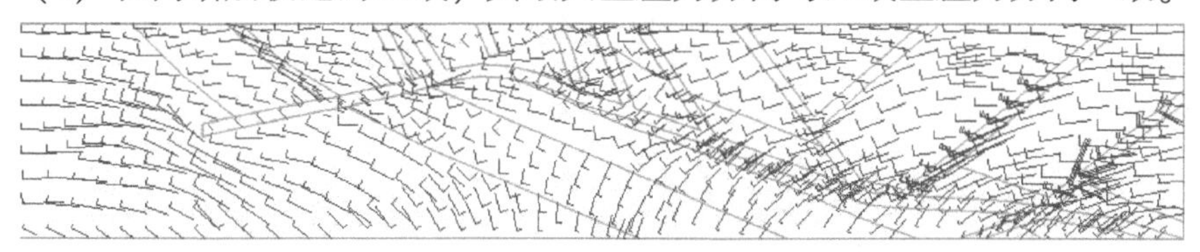

(a) 新陆 12 号勘探线

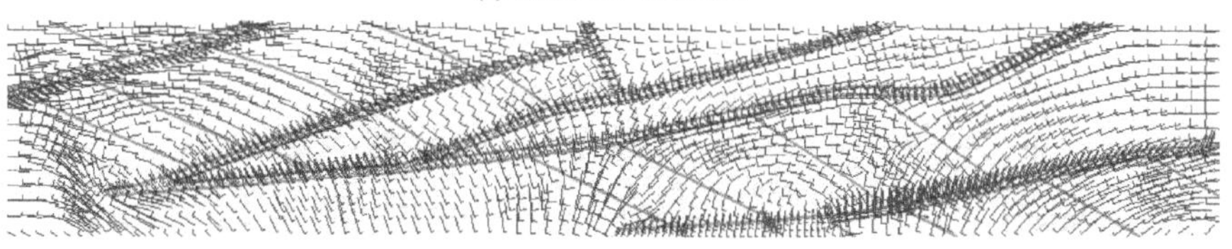

(b) 兴安 12 号勘探线

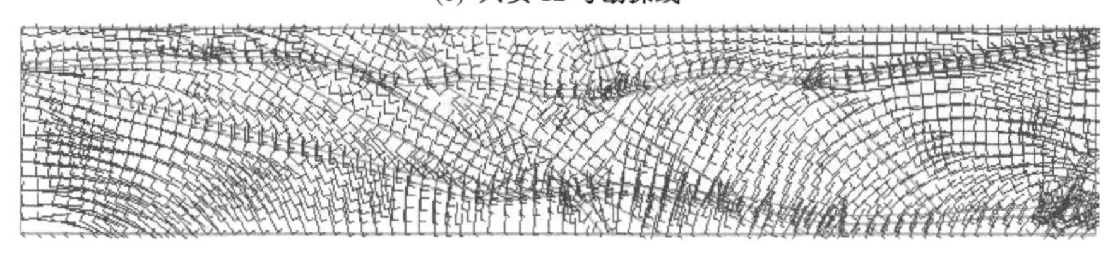

(c) 峻德 19 号勘探线

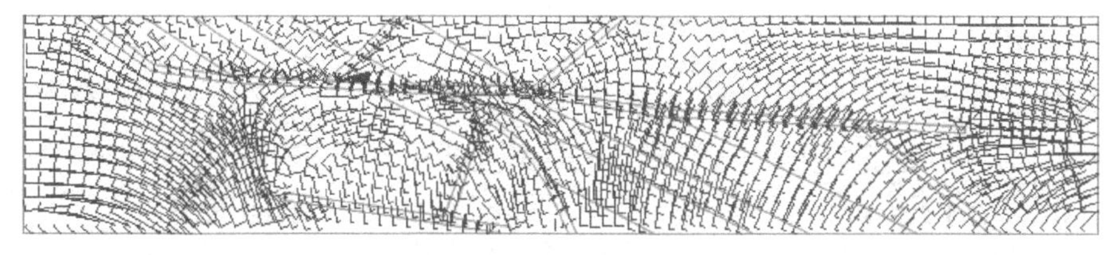

(d) 峻德 22′号勘探线

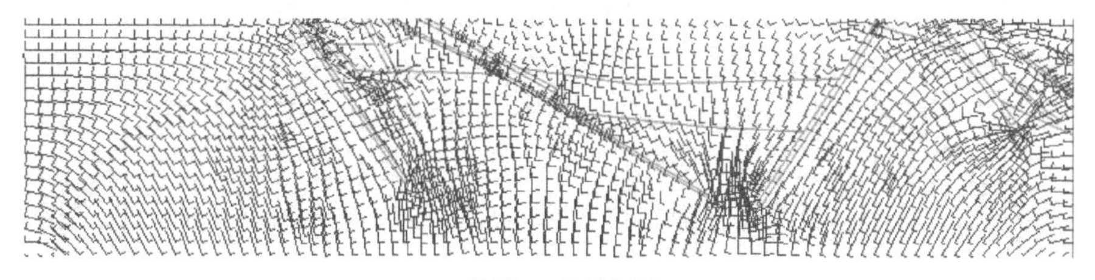

(e) 益新 14 号勘探线

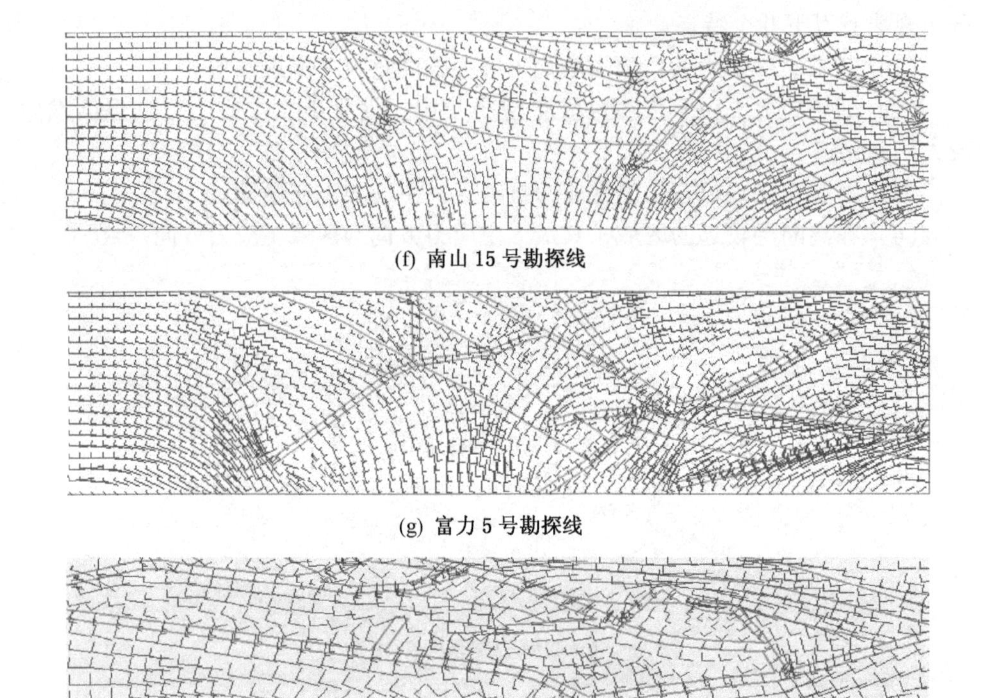

(f) 南山 15 号勘探线

(g) 富力 5 号勘探线

(h) 兴山 5 号勘探线

图 4-22　最大主应力迹线图

4.6　主要开采水平的地应力场分布特征

由以上分析可以得出，鹤岗矿区垂直方向的地应力分量整体上随着埋深的增加而增大，而且受断层影响，断层下盘的垂直地应力大于断层上盘的垂直应力。水平方向的应力场受断层影响比较严重，断层尖灭区域、断层倾角、断层的组合分布以及岩层的组合分布特征对研究区域的水平应力场分布造成了很大的干扰，同时断层对剖面主应力的分布也有很大的干扰，若扩展到鹤岗矿区平面内，断层水平面内的分布特征对应力场也同样有很大的干扰，然而断层的分布是三维的，其分布特征对矿区应力场的影响也是三维的，由于本书研究范围较大，若对鹤岗整个矿区建立详细的三维地质模型，这将是一项庞大的工程。考虑各种现实因素，本章选取了 8 个勘探线剖面，仅对垂直应力场和最大水平主应力方向的水平应力场进行研究。

本章所述研究区域实测最大水平主应力方向为北东东或近东西向。就鹤岗整个大的区域来讲，各勘探线剖面的水平应力即可近似认为是研究区域的最大水平主应力。运用 FISH 语言编写程序提取各主采水平的水平应力值，并将应力值与各勘探线的地理坐标对应，以此作为基础数据绘制鹤岗矿区各水平的最大水平主应力等值线图。同时可得到各地应力测点位置的计算值，将地应力实测值与计算值进行对比分析，结果见表 4-5。最大水平主应力的相对误差分布范围为 0.44%~50.77%，平均误差为 17%。垂直应力的相对误差分布范围为 0.36%~33.42%，平均误差为 11.56%。一般实测地应力的误差为 20%~30%，因此，地应力数值模拟结果具有一定的合理性。

表 4-5　鹤岗矿区地应力数值模拟计算值与实测值对比表

测点	σ_H			σ_v		
	实测值/MPa	计算值/MPa	相对误差/%	实测值/MPa	计算值/MPa	相对误差/%
峻德 1 号	33.42	23	31.18	21.16	16	24.39
峻德 2 号	22.87	23	0.57	13.2	13	1.52
峻德 3 号	32.5	16	50.77	17.49	16	8.52
兴安 1 号	30.1	25	16.94	23.61	16	32.23
兴安 2 号	32.72	26	20.54	24.03	16	33.42
兴安 3 号	30.48	16	47.51	13.95	14	0.36
富力 1 号	35.9	28	22.01	21.67	18	16.94
富力 2 号	39.2	28	28.57	18.69	20	7.01
富力 3 号	41.2	30	27.18	22.37	20	10.59
新陆 1 号	39.64	36	9.18	26.14	22	15.84
新陆 2 号	39.79	32	19.58	27.93	22	21.23
新陆 3 号	35.49	26	26.74	20.98	18	14.20
南山 1 号	27.878	28	0.44	14.223	14	1.57
南山 2 号	25.729	26	1.05	14.438	14	3.03
南山 3 号	23.892	24	0.45	12.946	12	7.31
南山 4 号	31.813	25	21.42	17.258	16	7.29

表4-5（续）

测点	σ_H			σ_v		
	实测值/MPa	计算值/MPa	相对误差/%	实测值/MPa	计算值/MPa	相对误差/%
南山5号	25.576	26	1.66	13.435	13	3.24
益新1号	21.7	26	19.82	13.6	14	2.94
益新2号	19.0	12	36.84	13.4	16	19.40
益新3号	20.3	20	1.48	12.0	14	16.67
兴山1号	17.9	18	0.56	11.7	12	2.56
兴山2号	21.6	18	16.67	15.76	14	11.17
兴山3号	18.6	18	3.23	11.10	12	8.11
兴山4号	14.7	14	4.76	11.11	12	8.01

由鹤岗矿区典型冲击矿井的生产现状可知，目前鹤岗矿区主要开采水平有-330 m、-450 m、-530 m三个开采水平。根据以上数值模拟结果，从各勘探线剖面水平应力结果数据中筛取这三个水平的应力值，并采用线性插值的方法绘制各开采水平的最大水平主应力等值线图，如图4-23所示。由图4-23可以看出，整体上最大水平主应力是随埋深的增大而增大，局部区域受断层影响应力值发生变化。

-330 m开采水平最大水平主应力量值平均为22 MPa，范围为8~36 MPa，峻德煤矿、兴安煤矿、富力煤矿、南山煤矿西部区域的最大水平主应力量值普遍高于中部和东部区域，总体上讲各矿区最大水平主应力量值分布相对比较均匀，应力值在18~24 MPa范围内，局部区域受断层影响有应力集中区域和应力减小区域。

-450 m开采水平最大水平主应力量值平均为24 MPa，范围为6~38 MPa，矿区东部和西部区域最大水平应力量值大于中部区域，中部多处有应力减小区域。

-530 m开采水平最大水平主应力量值平均为24 MPa，范围为6~42 MPa，相对于-450 m开采水平，其最大水平应力的量值差异表现得更为明显，矿区东部和西部区域的最大水平应力量值明显大于中部区域，其差值最高达36 MPa，在峻德煤矿、兴安煤矿、新陆煤矿、益新煤矿中部区域出现了较大的应力减小区域。

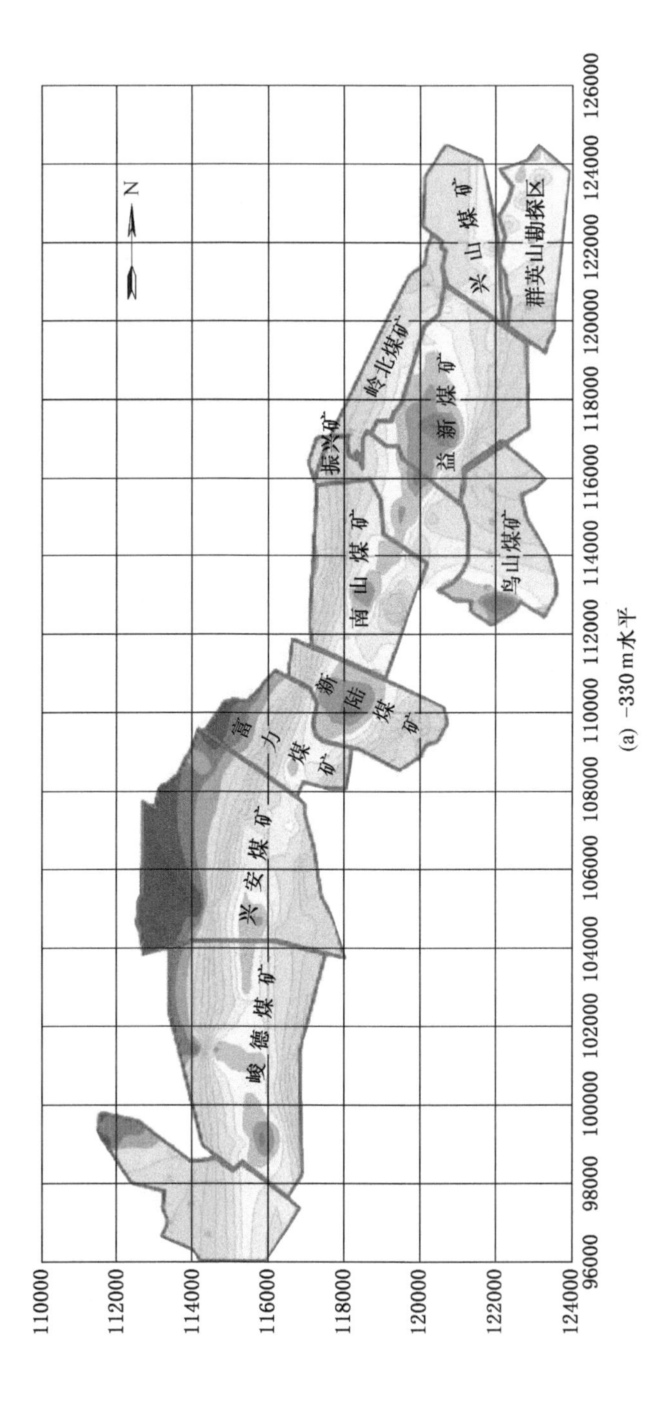
N
峻德煤矿
兴安煤矿
富力煤矿
新陆煤矿
南山煤矿
振兴矿
岭北煤矿
益新煤矿
鸟山煤矿
兴山煤矿
群英山勘探区
96000
98000
100000
102000
104000
106000
108000
110000
112000
114000
116000
118000
120000
122000
124000
126000
110000
112000
114000
116000
118000
120000
122000
124000

(a) −330 m水平

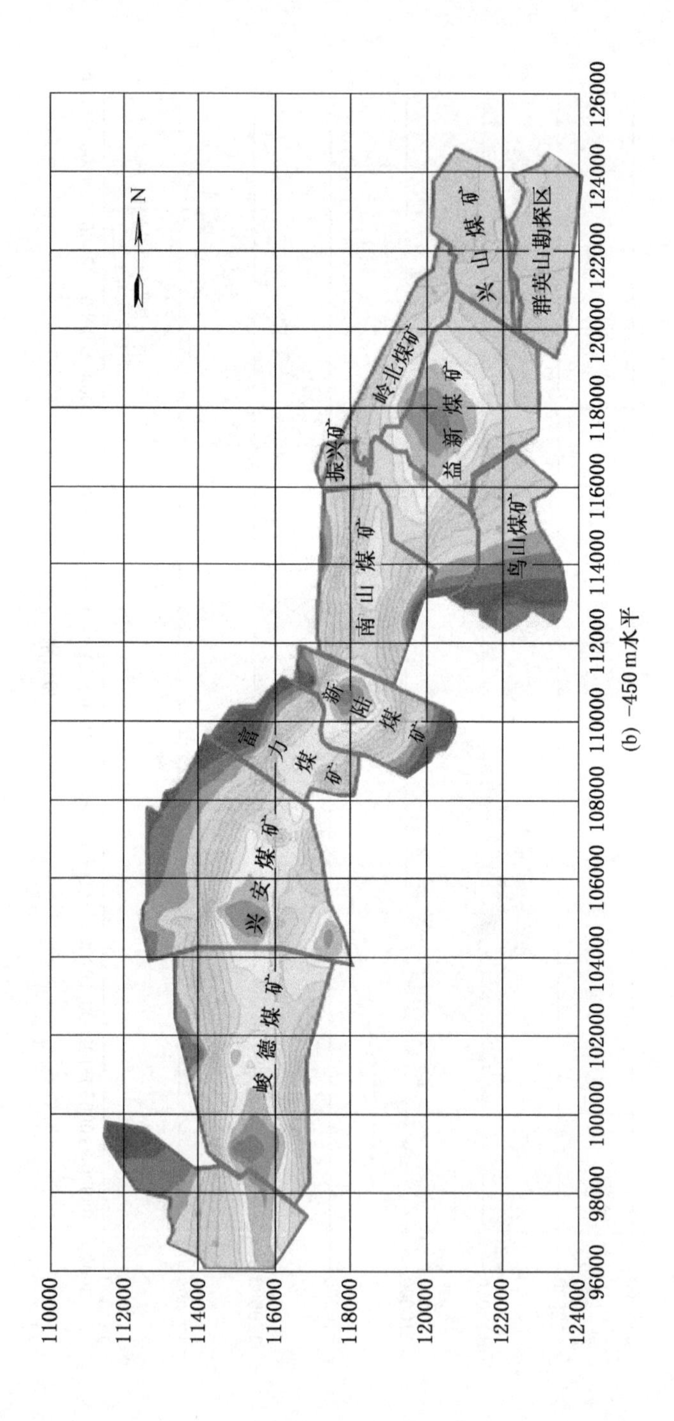
N
峻德煤矿
兴安煤矿
富力煤矿
新陆煤矿
南山煤矿
振兴矿
岭北煤矿
益新煤矿
乌山煤矿
兴山煤矿
群英山勘探区
96000
98000
100000
102000
104000
106000
108000
110000
112000
114000
116000
118000
120000
122000
124000
126000
110000
112000
114000
116000
118000
120000
122000
124000

(b) −450 m水平

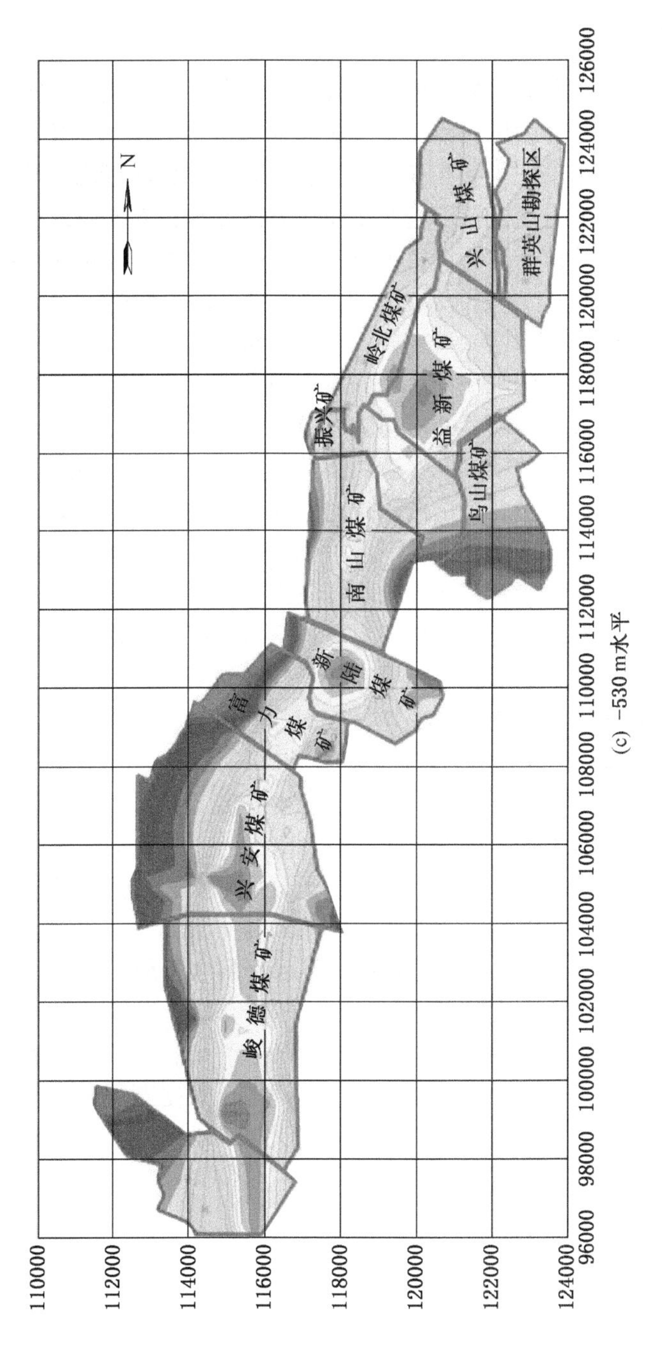

(c) -530 m水平

图4-23 鹤岗矿区最大水平主应力分布图

4.7 本章小结

本章以鹤岗矿区为研究对象，依据现有的地质资料以及地应力实测点的分布情况，选取了8条代表性的勘探线，并以此为基础建立了8个二维数值模型。根据矿区地质资料和开采情况，确定模拟范围为-50～-750 m标高。统计分析各勘探线的地面标高、重力密度以及附近实测应力值，计算各勘探线地质模型的边界荷载条件，最后通过数值计算分析得出鹤岗矿区的地应力场分布规律：

（1）研究区域水平应力范围为0～66.2 MPa，受断层影响较大，水平应力随深度的增加无明显规律。断层尖灭区域、断层倾角、断层的组合分布以及岩层的组合分布特征对研究区域的水平应力场分布有很大的干扰作用。在断层尖灭的部位水平应力值变化极大，有明显的应力集中现象，其值可增加5～20 MPa。断层倾角对水平应力场的分布的影响：在断层倾角接近水平时，断层周围水平应力释放区相对较小，甚至仅分布在断层破碎带内；随着断层倾角的增大，其水平应力释放区域也随之增大。断层组合对水平应力场分布的影响：在断层包围形成的闭合区域内，水平应力小于闭合区域外的水平应力；当两个断层的尖灭部位距离较近时，容易在两个断层尖灭区域形成应力叠加，水平应力值远大于周围区域。岩层组合对水平应力分布的影响：当断层穿过不同的岩层时，其水平应力集中容易发生在较硬的岩层中，而且在岩层变化处应力集中更为强烈。

（2）研究区域垂直应力范围为0～48.2 MPa，在断层的影响下分布特征明显，垂直应力随着深度的增加而增加。垂直应力在断层尖灭部位变化极大，有明显的应力集中现象，其值可增加5～30 MPa，比水平应力值的增加梯度大；断层上下盘垂直应力分布差异大，同一埋深断层上盘和断层下盘的垂直应力值差异比较大，一般断层下盘的垂直应力大于上盘的垂直应力。

（3）运用FISH语言编写程序提取各主采水平的水平应力值，并将应力值与各勘探线的地理坐标对应，以此为基础数据绘制了鹤岗矿区-330 m、-450 m、-530 m三个开采水平的最大水平主应力等值线图。由图4-23可以看出，鹤岗矿区最大水平主应力是随埋深的增大而增大的，局部区域受断层影响应力值发生变化。矿区东部和西部区域最大水平主应力量值大于中部区域，中部区域多处出现应力减小区域。

5 地应力对冲击地压的影响及冲击危险性评价

5.1 引言

鹤岗矿区为我国冲击地压高发地区，早在 1981 年鹤岗南山矿就发生过冲击地压。近年来随着开采深度的增加，地质构造条件进一步复杂，鹤岗矿区冲击地压更是频频发生。冲击地压灾害带来了巨大的人员伤亡和财产损失。这些引起了国内外许多学者的高度重视，并对冲击地压进行了深入的分析研究。研究表明，深部高地应力以及采动叠加应力形成的高应力场是造成冲击地压灾害的根本原因。目前地应力对冲击地压的影响研究主要集中于研究构造应力对冲击地压的影响，张宏伟、杜平、韩军、陈学华等运用地质动力区划方法，对我国部分矿区进行地质构造格架划分，并通过数值模拟的方法研究该区域的地应力分布特征，最后采用构造凹地反差强度、地形曲率变化来评价矿山工程区域地质动力环境；陈学华运用 RFPA 软件建立数值模型，研究侧压系数以及底板结构对冲击地压的影响，提出了临界水平主应力的概念以及底板构造型冲击地压发生的判据；王宏伟通过研究不同侧压系数对孤岛工作面前方支承压力的影响来分析地应力对冲击地压的影响；尹光志、刘飞、乔伟等对研究区域进行了地应力测试，并通过室内试验确定煤岩体的冲击倾向性以及岩体强度准则，然后建立煤体的“三准则”冲击危险性判据，以此对研究区域煤层进行冲击地压区域危险性评价；姜福兴、苗小虎等采用微震监测的方法研究了构造控制型冲击地压，并将其分为减压型和增压型两种类型，同时提出了这两种类型冲击地压的监测预警方法。王存文等通过对典型冲击地压案例分析，认为断层、褶皱、相变等构造区域存在残余构造应力，集聚有大量的弹性能，进行开采活动时容易诱发冲击地压。目前地应力对冲击地压的影响研究多侧重于研究侧压系数对冲击地压的影响，而且侧压系数多是指最大水平主应力与垂直应力的比值，而地应力是由最大水平主应力、最小水平主应力和垂直主应力组成，忽略最小水平主应力来研究地应力对冲击地压的影响显得不够全面。

本章以鹤岗矿区为研究对象，对鹤岗矿区冲击地压现状进行了调查分析，得出了鹤岗矿区冲击地压发生的特征。同时以鹤岗矿区典型冲击地压发生工作面为地质原型，建立冲击地压地质力学模型，通过改变最大水平主应力方向、最大水平主应力与垂直应力的比值以及最小水平主应力与垂直应力的比值得到采煤工作面超前区域能量分布特征，以此来研究地应力对冲击地压的影响。最后运用能量准则及最小能量原理确定鹤岗矿区冲击地压区域危险性评价的能量判据，并以此为依据，对鹤岗矿区冲击煤层进行冲击地压区域危险性评价。

5.2 鹤岗矿区冲击地压特征分析

鹤岗矿区位于小兴安岭东南麓，为一走向近南北，倾斜向东的单斜构造，倾角为15°~35°。区内断层极为发育，落差大于70 m的断裂的共167条。矿区共有9个生产矿井和1个在建矿井。目前矿区主要开采水平分布在-330~-830 m水平，采深为600~1110 m。矿区内最深矿井为新陆煤矿。据统计，鹤岗矿区共有5个矿井发生过冲击地压，发生冲击地压约66次。

5.2.1 鹤岗矿区冲击地压概况

1. 兴安煤矿冲击地压概况

兴安煤矿目前开采深度达600 m，共发生12次冲击地压，其中巷道掘进中发生的冲击地压共有5次，工作面回采过程中发生的冲击地压有7次（表5-1、表5-2）。巷道变形特征主要有底鼓、帮缩，导致设备损坏和人员伤亡。底鼓范围为0.8~1.5 m，帮缩范围为0.5~1.7 m。

表5-1 兴安煤矿巷道掘进过程中发生的冲击记录

序号	冲击地点	冲击范围	释放能量、震级	破坏情况
1	四水平南17-1层2-4区一段上巷	掘进头往后125 m范围	—	底鼓1 m左右，两帮移近1.5 m左右，30 t输送机，掘进机倾斜
2	四水平南17-1层2-4区一段上巷	掘进头往后16 m范围	—	巷道缩帮鼓底，迎头片帮。两帮缩近在1 m，底鼓最大1 m，掘进头上部片帮深度为0.5 m。掘进机后部输送机皮带被掀至下帮
3	四水平南17-1层2-4区一段上巷	前串轨道变向点南6 m至变向点北30 m，共36 m范围	5.23×10^6 J，震级2.59	两帮缩近量平均1.5 m，最大处缩近2 m；底板起鼓平均1 m，最大处达1.3 m。掘进机在前串轨道变向点附近巷道中间被掀至下帮。3人受伤

表 5-1（续）

序号	冲击地点	冲击范围	释放能量、震级	破坏情况
4	四水平南 17-1 层 2-4 区一段上巷	风道超前 285 m 掘进机恢复位置	5.09×10^{4} J，震级 1.53	拉底扩帮人员被弹起，掘进机弹起后向下帮偏移 0.3~0.4 m，上帮有片帮现象，巷道无变形
5	四水平北 11 层 1-3 区二段上巷	掘进头以外 35 m 范围	9.99×10^{6} J，震级 2.33	掘进头以外 35 m 巷道变形严重，鼓帮鼓底，两帮缩进及底板鼓起，底板鼓起 1.0~1.5 m；两帮缩进量 0.5~1.7 m；巷道高度最低处 1.5 m；巷道宽度最窄处2.5 m；下帮刮板输送机翘起，35 m 以外巷道变化不大，鼓帮鼓底不严重，平均值为 0.2~0.5 m

表 5-2　兴安煤矿工作面回采过程中发生的冲击记录

序号	冲击地点	冲击范围	释放能量、震级	破坏情况
1	四水平南 17-1 层 2-4 区一段上巷	风道超前 195~255 m	3.81×10^{5} J，震级 1.99	冲击范围（风道超前 195~255 m）底鼓 0.8 m。多人受伤
2	四水平南 17-1 层 2-4 区一段工作面及上巷	工作面及风巷超前段 50 m 范围	2.52×10^{5} J，震级 1.9	风道超前 50 m 底鼓 0.5~1.0 m，超前支护底梁（道方）部分向上拱起弯折，个别单体支柱从木垫上滑至底板，支护顶梁个别压裂；工作面 17~49 组架子震感明显，该段硬帮局部片帮，碎石堆满刮板输送机，支架尾梁底鼓达 0.4 m，采煤机向硬帮倾倒。受冲击波影响，4 人轻伤
3	四水平南 17-1 层 2-4 区一段工作面及上巷	工作面及风道超前段 40 m	3.70×10^{5} J，震级 1.98	风道超前 40 m 范围断面压缩至 2~3 m^2，U 型钢棚明显扭曲变形，棚卡子部分弹飞，原备超前木梁大部分折断，单体支柱大部分移位失效，参差穿插，受底鼓影响巷道一般高度为 1.0~1.5 m，上隅角瓦斯含量为 1%；工作面支架大部分有压缩迹象，硬帮片帮碎石充满刮板输送机，与顶梁间高度一般为 1.0 m，部分架间有碎石，采煤机上滚筒与 57 组架子顶梁咬合，60~64 组架子压死。4 人受伤

表5-2（续）

序号	冲击地点	冲击范围	释放能量、震级	破坏情况
4	四水平南17-1层2-4区一段上巷	工作面向外180 m,35~95 m范围比较严重	震级4	轨道巷超前工作面40 m范围鼓帮、鼓底将巷道填满，工作面上方及其他受冲击地点巷道有不同程度移缩、变形，一段上巷下口风门被吹掉一扇。5人受伤
5	四水平北11层1-3区二段上巷	风道超前210~140 m	能量4.6×10^6 J，震级2.56	风道超前140~170 m，巷道原输送带向上帮侧翻，巷道断面有明显压缩，断面一般为8 m^2。该段巷道大部分已喷碹。170~210 m范围巷道没喷碹，断面压缩严重，其中有20 m范围巷道断面仅5~6 m^2，顶板下沉吊兜（多达1.0 m），多处网间开裂，有3处网开裂处冒顶高度在1.0 m左右，锚网索受网兜影响有个别错位现象，5 t绞车压顶子压折，开关翻倒，两帮移位一般1.5~2.0 m。抽放顶板巷打钻位置附近30 m，巷高由2.2~2.5 m，压缩至1.0~1.2 m。受冲击波影响，致使抽放区风道2名注水人员及5103掘进队1名人员轻伤。采煤工作面作业人员震感明显，工作面无冲击变化影响
6	四水平北11层1-3区二段上巷	工作面推过轨道第一变向点约25 m处	能量4.19×10^6 J，震级2.03	破坏巷道约45 m，其中工作面上出口向外15 m巷道破坏严重，巷道高度变为600~800 mm，宽度缩小为1 m左右，上出口15 m向外30 m顶梁折断
7	四水平北11层1-3区二段下巷	工作面推进230 m,机道超前22~126 m范围	能量3.02×10^5 J，震级1.94	机道超前22~126 m，巷道顶板下沉0.5~1.0 m、顶板锚索梁（一梁三索）多处弯折，个别处钢筋网被拉断、弯折处有索绳断裂现象，超前支护67~76 m、85~94 m两处顶网开裂、抽漏，下帮碎石堆积、索梁向上帮搭弯折、上帮向输送带移近、断面面积为1.0~1.5 m^2、两帮移近0.5~1.0 m

2. 峻德煤矿冲击地压概况

2004年至2013年9月，峻德煤矿共发生冲击地压25次，掘进过程中发生冲击地压次数为10次，工作面回采过程中发生冲击地压15次，具体见表5-3、表

5-4。历次冲击地压主要造成回风道严重破坏，其次为工作面破坏，机道所受冲击地压较少。

表 5-3 峻德煤矿巷道掘进过程中发生的冲击地压记录

序号	冲击地点	冲击范围	震级	破 坏 情 况
1	二水平北 17 层三、四区三段前串回风道掘进	掘进头后 35 m 范围	—	冲击波将回风石门处的两道风门全部毁坏，掘进头后 35 m 范围内支护变形严重，巷道底鼓量最高达 1.3~1.7 m，两帮移近量最大达 1.4 m，巷道断面面积最小处为 1.3 m^2
2	三水平北 3 层三、四区一段南部回风巷掘进（施工 396 m）	掘进头往后 36 m 范围	—	冲击范围为 360~396 m 处，计 36 m。巷道高度由 3 m 变为 2.2 m，最矮处为 2.0 m，底鼓量为 0.6~1.0 m，平均 0.8 m。巷道宽度由 4.7 m 变为 2.93~4.2 m，下帮移近量为 0.8~1.8 m，平均 1.35 m
3	三水平北 17 层三四区一段一分层风道掘进（施工 80 m）	风门前 5.4~25 m	1.66 级	风门前 5.4~25 m 巷道底鼓 0.3 m，33~50 m 底鼓 0.7 m，上帮移近 0.4 m，风门前 54 m 处上帮下部的锚索索绳抽进索具里面；57 m 上帮下部的锚索索具脱落，不知去向。57~70 m 处的吊挂在上帮下部的水管被甩至巷道中部
4	三水平北 17 层三四区一段一分层风道掘进	风门以内 35~92 m 处	1.7 级	风门以内 35~92 m 处，其中 59~80 m 巷道破坏较严重，上帮煤体移近 1~1.5 m，下帮移近 0.5~0.7 m，底鼓量为 1~1.8 m
5	三水平北 17 层三四区一段一分层风道掘进	掘进头向后 35 m 范围	2.86 级	掘进施工 500 m，掘进头 35 m 范围发生冲击，主要表现底板鼓起 0.6 m，下帮移近 0.2~0.9 m
6	三水平北 17 层三四区一段一分层风道掘进	掘进头 25~35 m 范围	1.56 级	掘进头 25~35 m 发生冲击，主要表现迎头煤体片落，迎头后 25~35 m 范围底板鼓起 0.3 m，下帮金属网肩部有变形，下帮移近 0.1 m
7	三水平北 17 层三四区一段一分层风道掘进	掘进头往后 46 m 范围	1.66 级	掘进头 46 m 范围发生冲击显现，掘进头 10~15 m范围（上帮）底部移近量为 0.1~0.3 m，掘进头 2~9 m 下帮片帮 0.5 m，掘进头 16~46 m 范围底板鼓起 0.2~0.3 m

表 5-3（续）

序号	冲击地点	冲击范围	震级	破坏情况
8	三水平北 17 层三四区一段一分层风道掘进	掘进头 15~110 m 范围	1.81 级	掘进头 15~110 m 范围发生冲击，造成掘进头 15~45 m 底鼓 1 m，70~90 m 范围底鼓 0.5 m，其他位置底鼓 0.2~0.3 m
9	三水平北 17 层三四区一段北部回风道 9102 恢复	掘进头前 93~129 m 范围	1.26 级	掘进头前 93~129 m 范围内，巷道下帮移近0.1~0.3 m，掘进头前 99~120 m 范围内，巷道底鼓 0.3 m，掘进头前 120~139 m 范围内底鼓 0.3 m，上帮移近 0.3~0.5 m，下帮移近 0.2 m
10	三水平北 17 层三四区一段北部回风道	掘进头后 5~25 m 范围	1.54 级	掘进头后 5~25 m 巷道上帮移近 0.3 m，底鼓 0.4 m。掘进头后 25~75 m 巷道上帮移近 0.2 m，底鼓 0.4 m

表 5-4　峻德煤矿工作面回采过程中发生的冲击地压记录

序号	冲击地点	冲击范围	震级	破坏情况
1	二水平北 3 层三区二段一分层 295 高档普采工作面、回风道	回风道距工作面 24~38 m 的 14 m 范围	—	回风道距工作面 24~38 m 的 14 m 范围内基本冒严，回风道内，底煤鼓起、棚子下墩、巷道严重变形，导致一起死亡 8 人的重大冲击矿压事故
2	二水平北 9 层三区三段 295 高档普采工作面、回风道	风道超前工作面 22 m 范围	—	风道超前工作面 22 m 全部合严，工作面上部有 30 架棚向软帮倾斜 10 cm 左右
3	二水平北 17 层四区三段 296 综放工作面回风道	—	—	巷道发生底鼓现象，高度下降 0.5~1.0 m。U 型钢棚全部变形，巷道断面最小处为 0.95 m 高、1.8 m 宽，其余处断面为 3~4 m^2。上帮单体支柱腿根被挤出 0.5 m。闲置的单体支柱和开关被掀倒，回风石门的风门被鼓坏
4	二水平北 23 层三四区三段综放工作面回风道	风道上出口向外 30 m 范围	—	风道上出口向外 30 m 范围内发生缩帮和底鼓，下帮收缩 0.6~0.8 m，底板鼓起 0.5~0.7 m
5	三水平北 3 层三四区一段综采一队回风道	回风道超前 5~80 m 范围	—	回风道超前 5~45 m 范围内的巷道被下帮和底板弹起的碎石堵严，45~80 m 处巷道两帮严重变形收缩，底板鼓起

表 5-4（续）

序号	冲击地点	冲击范围	震级	破 坏 情 况
6	三水平北 3 层三四区一段综采一队回风道	上出口向外 75 m 范围	—	上出口向外 75 m 范围内的巷道被冲击，23 m 的巷道接近合严，其余的巷道发生严重的收缩和底鼓
7	三水平北 3 层三四区一段综采一队工作面及回风道	工作面及工作面上出口至超前 60 m 范围	—	工作面第 99 组至第 126 组液压支架所对应的输送机被掀翻，同时将硬帮底煤向工作面抛出。工作面上出口至超前 47.5 m 范围巷道合严，在 47.5~60 m，巷道底鼓量为 0.8~1 m
8	三水平北 17 层三四区一段一分层风道	斜风道以南 83 m 范围	1.94 级	斜风道以南 83 m 范围发生冲击地压，斜风道口以南 62 m 范围巷道底鼓 0.4 m，下帮有 2 根锚索被拉断，煤体鼓出约 0.5 m，上帮下半部最大鼓出量达 1.0 m，风水管从上帮弹至下帮。斜风道以南 62~83 m，巷道底鼓量为 1.3m
9	三水平北 17 层三四区一段北部综一队回风道	超前工作面 36~69 m	0.81 级	超前工作面 36~69 m 上帮移近 1.2 m，靠近上帮底板处鼓起 0.5~0.6 m；超前工作面 69~85 m，上帮移进 1.0 m，上帮网裂开塌陷，靠近上帮底板鼓起 0.5 m，下帮略有变形
10	三水平北 17 层三四区一段北部综一队工作面	工作面	2.28 级	59~90 组支架立柱卸压；60、61、63、78、79、80、83、87 组支架液压锁、液压单向阀被破坏；回风道与机道无明显变化
11	三水平北 17 层三四区一段北部综一队回风道	超前工作面 47 m 范围	1.84 级	超前 47 m 向外 7 组防冲击地压支架立柱折断、损坏。超前 42~47 m 有 3 组单体支护损坏，超前 42 m 范围内上帮上部多处喷碹开裂，回风道超前工作面 20~40 m 范围内底鼓 0.5 m
12	三水平北 17 层三四区一段北部综一队工作面及回风道	工作面及上出口向外 45 m 范围	1.74 级	上出口向外 45 m 范围内巷道底鼓、上帮移近；向外 40 m 范围内底鼓 0.7 m、上帮移近 0.2~0.3 m，40~45 m 范围内底鼓 0.3 m，上帮移近 0.3~0.5 m；工作面 65~96 组支架间底鼓 0.2~1 m，工作面硬帮片帮鼓出 0.3~0.5 m

表5-4（续）

序号	冲击地点	冲击范围	震级	破坏情况
13	三水平北17层三四区一段北部综一队回风道	回风道硬帮向外12 m范围	—	回风道硬帮向外12 m范围内，底鼓0.5~1.0 m，两帮移近0.3~0.4 m；12~51 m，底鼓0.7~1.2 m，两帮移近0.4~0.5 m；51~72 m，底鼓0.3~0.4 m，两帮移近0.2~0.3m
14	三水平北17层三四区一段北部综一队工作面	工作面	1.45级	25~72组架子硬帮片帮严重；26、27、31、32、33、34、36、37、38、43组（共10组）支架护帮板千斤顶折弯，回风道未发现异常动力现象
15	三水平北17层三四区一段北部综一队工作面、回风道和机道	工作面、机道超前103 m范围及回风道超前83~40 m范围	1.67级	机道超前103 m巷道底鼓量自外向内逐渐增大，超前74 m开始向内巷道断面缩至3 m^2左右，巷道中高只剩0.8 m。回风道超前83~40 m范围内，巷道中高0.8~1.4 m，巷宽3~1.5 m，断面3 m^2左右。工作面多组支架破坏，煤壁大量片帮

3. 南山煤矿冲击地压概况

南山煤矿的冲击地压由来已久，最早记录于1981年3月，发生3次。随着开采深度的增加，开采强度的增大，冲击地压的发生也越来越频繁。最严重的一次冲击地压发生在2005年12月12日，发生地点为北五区七层七分段下块237采煤工作面，震级为3级，工作面顶板下沉0.6m，支架变形严重，伴有瓦斯涌出，冲击地压发生后工作面停产3天。2005—2008年，有记录的冲击地压次数为17次，发生煤层为15号和18号煤层，也是目前南山煤矿的主采煤层。

4. 新陆煤矿冲击地压概况

新陆煤矿是鹤岗矿区最深的矿井，目前开拓深度已达1110 m，生产工作面布置深度最深为1107 m。由于开采深度大，各种矿井事故严重威胁着该矿的安全生产。2012年，490 m南11层里部区前串风道掘进过程中共发生2次冲击地压，具体情况见表5-5。

表5-5 新陆矿巷道掘进过程中发生的冲击记录

序号	冲击地点	冲击范围	释放能量	破坏情况
1	-490 m南11层里部区前串风道	风门5 m处	—	风门5 m钻机硐室处碹皮脱落严重、U型钢棚卡子下沉1 cm左右，U型钢变形，钻机硐室内钻机被掀翻，一根单体戗柱被弹出。上山上口处小绞车轴被折断

表 5-5（续）

序号	冲击地点	冲击范围	释放能量	破坏情况
2	-490 m 南 11 层里部区前串风道	风门30 m处	—	风门 30 m 处第二钻机硐室前后（25~42 m）冲击较为严重，U 型钢棚卡子普遍下沉 1~4 cm，抽放管路、电缆吊挂铁线拉断，配电点开关被掀翻，运料稳车戗柱折断，中心柱向下帮平移最大达 40 cm；42~64 m 掘进头冲击现象不明显

5. 富力煤矿冲击地压概况

富力煤矿位于鹤岗矿区中部偏南，井田为一走向南北、倾向向东的单斜构造，井田内断裂多、褶曲少。据统计，富力煤矿共发生冲击地压 7 次，巷道掘进过程中冲击地压发生的次数为 2 次，工作面回采工程中冲击地压的发生次数为 5 次。具体见表 5-6、表 5-7。

表 5-6　富力矿巷道掘进过程中发生的冲击记录

序号	冲击地点	冲击范围	释放能量	破坏情况
1	-310 m 南 18-2 层下段外区回风道（采深 560 m）掘进工作面	掘进头 27 m 以外 20 m 范围	—	掘进头 27 m 以外有 20 m 范围 Π 型钢单体柱支护处发生冲击地压，下帮收缩来 0.5 m，刮板输送机中部槽立起来，并有一处断开，底鼓 0.5 m，发生时伴有巨大响声
2	-310 m 南 18-2 层下段外区回风道（采深 560 m）掘进工作面	距掘进头 40 m 范围处	—	距掘进头 40 m、距边界石门 20~40 m 范围处，底鼓 0.5~1.0 m，卡栏崩坏 21 个，刮板输送机中部槽立起来，中心柱向下帮移动 0.8 m，掘进头有 3 根木中心顶子折断，发生时伴有巨大响声

表 5-7　富力矿工作面回采过程中发生的冲击记录

序号	冲击地点	冲击范围	释放能量	破坏情况
1	-240 m 南 18-2 层一、二区分界处回风道及绕道上山	二区一分层回风道及绕道上山 18 m 巷道	2.9 级	巷道顶底板移近 1.5 m
2	-110 m 矸石井 18-2 层煤柱区综放工作面	工作面回风巷道、运输巷道	3.1 级	工作面及两道顶板下沉、支架变形，工作面软帮两排支柱腿根被采空区碎石挤向硬帮，风道冒顶 2 处，开关及综合保护装置倒向下帮，刮板输送机道冒顶 4 处，断面缩小

表5-7（续）

序号	冲击地点	冲击范围	释放能量	破坏情况
3	-110 m矸石井18-2层煤柱区综放工作面	工作面、风道、刮板输送机道超前20 m范围	2.9级	工作面及两道下沉，支架变形；风道最低1~1.4 m，平均下降0.5 m；刮板输送机道超前20 m范围内巷高0.5~0.8 m，平均下沉1~1.3 m；工作面软帮两排支柱腿根被采空区碎石挤向硬帮，支柱腿向软帮倾斜
4	-310 m南18-2层一分层高档普采工作面	工作面以及上出口向外60 m风道	1.9级	工作面距上出口7 m处，底板鼓起1.0 m，7~70 m处，底板鼓起0.2~0.4 m；风道60 m范围内巷道的U型钢棚变形严重，巷道高度只有0.5~1.0 m；风道内的开关减速机由下帮抛到上帮，配电点由上帮抛到下帮，且倒置
5	-310 m南18-2层一分层高档普采工作面	工作面上部及回风道	2.5级	巷道变形、设备的移动比上次严重

5.2.2 鹤岗矿区冲击地压特征分析

根据鹤岗矿区冲击地压的发生情况，本节分别对巷道掘进过程中发生的冲击地压和工作面回采过程中发生的冲击地压特征进行分析。

1. 掘进过程中发生的冲击地压特征

（1）冲击范围。鹤岗矿区冲击地压发生位置多在掘进工作面到距掘进工作面15~110 m范围以内，发生位置在距掘进工作面50 m以内的冲击地压居多，占统计总数的86.7%。

（2）释放能量。鹤岗矿区巷道掘进过程中发生的冲击地压释放能量以里氏震级计算，范围为1.25~2.86级，平均为1.86级。以能量计算，范围在2.0×10^5 J~1.07×10^8 J，平均值为2.15×10^6 J。

（3）破坏特征。鹤岗矿区冲击地压的破坏特征主要表现在四个方面，即巷道变形、支护体破坏、设备损坏和人员伤亡。

巷道变形：底板鼓起范围为0.3~1.8 m，两帮移近0.1~1.7 m。变形后巷道最小断面面积为1.3 m^2。巷道掘进头向外15~50 m范围内巷道变形最为严重。迎头有片帮现象，片帮深度为0.5 m。

支护体破坏：锚索索绳抽进索具里，索具脱落；U型钢变形。

设备损坏：输送机、掘进机弹起、倾斜；钻机掀翻等。

人员伤亡：部分冲击地压的发生造成人员伤亡。

2. 工作面回采过程中发生的冲击地压特征

（1）冲击范围。鹤岗矿区冲击地压以峻德煤矿和南山煤矿最为严重，冲击地压造成严重破坏的位置首先是回风道，其次为工作面，机道受冲击地压破坏相对较少。回风道所受地压破坏范围一般分布在工作面上出口位置至超前工作面 110 m 范围内，破坏严重段一般在超前工作面 20~60 m 范围内。少数冲击地压发生在超前工作面 100~255 m 范围内。工作面冲击地压发生次数较少，其发生范围在 20~100 组液压支架范围内，严重段多分布在 50~90 组液压支架范围内。机道冲击地压发生次数少，其冲击范围为工作面下出口位置至超前工作面 110 m。

（2）释放能量。鹤岗矿区工作面回采过程中发生的冲击地压释放能量以里氏震级计算，范围为 0.81~4 级，平均值为 2.23 级。以能量计算，范围为 3.57×10^4 J~9.12×10^9 J，平均值为 9.12×10^6 J。

（3）破坏特征。鹤岗矿区工作面回采过程中发生的冲击地压造成的破坏可从巷道破坏和工作面破坏两方面进行研究。

巷道破坏：巷道破坏以回风道破坏最为严重，底鼓范围为 0.5~1.3 m，顶板下沉 0.5~1.0 m，两帮收缩 0.6~2.0 m，巷道变形严重，断面急剧收缩，部分冲击地压导致回风道冒严，导致冒严的冲击地压次数占总统计数量的 18.5%；冲击地压发生时，伴有上帮、下帮和底板破碎岩石的抛出，上帮、下帮附近的设备、管线也被弹出、掀翻；超前支护体破坏严重，底梁、顶梁弯折压裂，单体液压支柱失效倾斜，U 型钢弯曲变形，防冲支架损坏等，部分冲击地压还导致人员伤亡。

工作面破坏：采煤机倾向煤帮，工作面架棚向软帮倾斜，部分液压支架损坏，同时伴有底鼓、片帮等现象。

3. 鹤岗矿区冲击地压影响因素分析

1）地应力

构造应力与采动应力相互叠加是冲击地压发生的根本原因。地应力方向与采掘工作面推进方向的夹角，以及煤岩体所受应力的侧压系数都与冲击地压的发生有着密切的关系。根据本书第 2 章和第 3 章分析可知，鹤岗矿区存在着以水平应力为主导的地应力场，最大水平主应力的方向为近东西向，两个水平主应力和垂直主应力随着深度的增加，都有不同程度的增加。而鹤岗矿区目前的主要开采深度为 600~1110 m，矿区的采掘活动受地应力场影响严重，冲击地压频发。同时，鹤岗矿区煤矿主要采用走向长壁采煤法，采煤工作面以及回风巷和运输巷都与区域主应力方向垂直，地应力对鹤岗矿区冲击地压的影响比较大。

2）煤（岩）体物理力学性质

鹤岗矿区煤系地层为中生界白垩系下统石头河子组、石头庙子组。其中，石头河子组为主要含煤地层，石头河子组由灰白色砾岩、粗砂岩、灰~灰白色中砂岩、细砂岩、深灰色粉砂岩、夹泥岩、凝灰岩和煤层组成，多以砂岩为主，局部夹有薄层砾岩。含煤40余层，可采和局部可采煤层36层。

煤岩物理力学性质是冲击地压发生的内在因素，而鹤岗矿区煤系地层多含有砂岩，主采煤层顶板岩石岩性一般为砂岩，砂岩强度相对较高，容易储存大量的弹性能。一旦有合适的条件，便引发冲击地压。因此，鹤煤集团联合中国矿业大学对矿区内多个煤层及顶板岩层进行了冲击倾向性测定，测定结果见表5-8。从表5-8中可以看出，发生过冲击地压的煤层或顶板都具有冲击倾向性，其中峻德煤矿发生冲击地压次数最多的煤层17号煤层及其顶板具有强冲击倾向性。

表5-8　鹤岗矿区煤层及顶板岩层冲击倾向性测定结果

煤　层		煤层测定结果		顶板测定结果		冲击地压发生次数
		类别	名称	类别	名称	
兴安矿	11号煤层	Ⅱ类	弱冲击倾向性	Ⅱ类	弱冲击倾向性	4
	17号煤层	Ⅱ类	弱冲击倾向性	Ⅱ类	弱冲击倾向性	8
	21号煤层	Ⅱ类	弱冲击倾向性	Ⅲ类	强冲击倾向性	—
	$22^{上}$号煤层	Ⅱ类	弱冲击倾向性	Ⅱ类	弱冲击倾向性	—
	27号煤层	Ⅱ类	弱冲击倾向性	Ⅱ类	弱冲击倾向性	—
	30号煤层	Ⅱ类	弱冲击倾向性	Ⅱ类	弱冲击倾向性	—
	33号煤层	Ⅱ类	弱冲击倾向性	Ⅱ类	弱冲击倾向性	—
益新矿	3号煤层	Ⅲ类	强冲击倾向性	Ⅲ类	强冲击倾向性	—
	15号煤层	Ⅱ类	弱冲击倾向性	Ⅲ类	强冲击倾向性	—
	18-1号煤层	Ⅰ类	无冲击倾向性	Ⅱ类	弱冲击倾向性	—
富力矿	11号煤层	Ⅱ类	弱冲击倾向性	Ⅱ类	弱冲击倾向性	—
	18-2号煤层	Ⅱ类	弱冲击倾向性	Ⅲ类	强冲击倾向性	7
	22号煤层	Ⅰ类	无冲击倾向性	Ⅱ类	弱冲击倾向性	—
	29号煤层	Ⅰ类	无冲击倾向性	Ⅱ类	弱冲击倾向性	—
新陆矿	11号煤层	Ⅱ类	弱冲击倾向性	Ⅰ类	无冲击倾向性	2

表 5-8（续）

煤　层		煤层测定结果		顶板测定结果		冲击地压发生次数
		类别	名称	类别	名称	
峻德矿	3 号煤层	Ⅱ类	弱冲击倾向性	Ⅲ类	强冲击倾向性	5
	9 号煤层	Ⅱ类	弱冲击倾向性	Ⅱ类	弱冲击倾向性	—
	17 号煤层	Ⅲ类	强冲击倾向性	Ⅲ类	强冲击倾向性	18
	21 号煤层	Ⅱ类	弱冲击倾向性	Ⅲ类	强冲击倾向性	—
	22 号煤层	Ⅱ类	弱冲击倾向性	Ⅱ类	弱冲击倾向性	—
	23 号煤层	Ⅱ类	弱冲击倾向性	Ⅱ类	弱冲击倾向性	1
	30 号煤层	Ⅱ类	弱冲击倾向性	Ⅱ类	弱冲击倾向性	—
	33 号煤层	Ⅱ类	弱冲击倾向性	Ⅱ类	弱冲击倾向性	—
南山矿	18 号煤层	Ⅱ类	弱冲击倾向性	Ⅱ类	弱冲击倾向性	发生过
	22-2 号煤层	Ⅰ类	无冲击倾向性	Ⅱ类	弱冲击倾向性	—

3）生产技术条件

高应力区域内进行采掘活动，是冲击地压发生的一个重要因素。经调查分析，可将导致鹤岗矿区冲击地压发生的生产技术因素归纳为以下几点：

（1）开采顺序不合理，逐渐形成孤岛工作面。

（2）分层开采时，上分层遗留煤柱造成下分层采掘区域应力集中。

（3）掘进与采煤工作面相互影响，造成应力叠加。

（4）阶段煤柱尺寸的留设不合理，造成了煤柱的应力集中。

（5）受邻近采空区的影响。

（6）巷道交叉处形成应力集中区，巷道采掘活动诱发冲击地压。

（7）工作面回采过程中受初次来压、周期来压影响。

（8）工作面回采至阶段煤柱最小区域，或者终采线附近，采空区悬顶见方，造成弹性能积聚。

（9）底板无支护，存在弱面，为冲击地压能量释放提供了路径。

（10）采掘强度大。

5.3　地应力对冲击地压的影响

鹤岗矿区处于佳木斯地块的西北部，矿区内地质构造十分复杂，仅落差大于 70 m 的断裂就有 167 条之多。近几年以来，随着开采深度的增加，矿区内各种矿井灾害频发。目前鹤岗矿区的开采深度主要分布在 600～1110 m，矿区内冲击地压灾害十分严重，仅2004年至今有记录的冲击地压灾害就有60多次。而地应力作为冲击地压的重要影响因素十分值得我们深入研究。

在统计的66次冲击地压中，工作面回采过程中发生的冲击地压约占总数的59%，这说明煤矿的开采活动对冲击地压的影响要比掘进活动的影响大一些。因此，本节主要研究鹤岗矿区采动应力影响下地应力对冲击地压的影响。

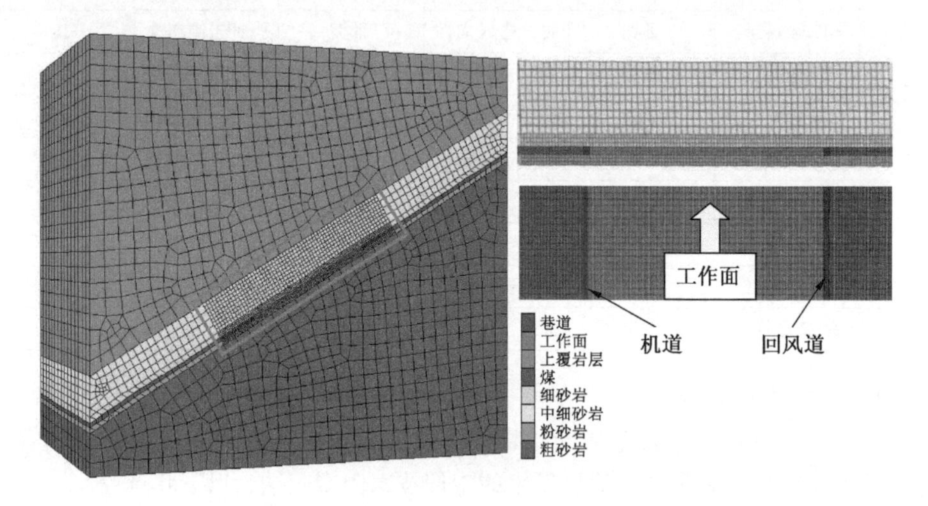

图5-1 数值模型

5.3.1 三维数值模型的建立

1. 工程背景

以峻德煤矿三水平北17层三四区一段工作面为模拟原型，该工作面位于三水平北三四区，走向长920 m，倾斜长168 m，采高3.5 m，采深451~551 m。煤层厚度为9.63~15.92 m，由亮煤和暗煤组成，倾角为25°~35°，平均倾角30°。直接顶为细砂岩，厚度为4~7 m，基本顶为中、细砂岩，厚度为30~40 m，直接底为凝灰质粉砂岩，厚度为4.5~5.5 m。基本底为粗砂岩，厚度为48~50 m。工作面西部风道侧为上段采空区，区段煤柱宽4~47 m，东部机道侧为实体煤，北部工作面后方为本段一分层采空区，南部终采线处靠近L1和F7大断层。该工作面邻近已开采的煤层有3号、9号、11号、21号、17号煤层，因邻近煤层不充分开采，留下大量不规则煤柱。受地应力、煤岩层冲击倾向性、阶段煤柱、上段遗留区间煤柱、邻近采空区、高强度生产等多方面因素影响，该工作面发生过多次冲击地压。

2. 数值模型

根据现场工程地质条件，建立数值模型。如图5-1所示。模型尺寸为

500 m×300 m×500 m，工作面宽 150 m，岩层倾角为 30°，煤层厚度为 4 m，直接顶厚度为 6 m，基本顶厚度为 35 m，直接底厚度为 5 m。模型共划分 81252 个单元、93340 个节点。根据峻德煤矿 3 号测点实测应力值，确定上部边界的荷载值，同时根据采煤工作面与地应力方向的夹角确定模型的水平荷载。模型底部采用面约束。模型采用摩尔-库仑准则，各岩层物理力学参数见表 5-9。

表 5-9 模型岩层物理力学参数

岩体名称	密度/（$kg \cdot m^{-3}$）	体积模量/GPa	剪切模量/GPa	内聚力/MPa	摩擦角/(°)	抗拉强度/MPa
上覆岩层	2560	4.2	2.9	5.0	34	1.5
中细砂岩	2721	3.47	2.08	5.2	37.6	2.81
细砂岩	2558	2.01	1.45	2.4	41.98	2.16
煤	1420	0.46	0.19	0.8	20	0.01
粉砂岩	2630	5.0	3.8	6.0	35	2.5
粗砂岩	2560	4.2	2.9	5.0	34	1.5
采空区	2010	0.46	0.19	0.8	20	0.01

5.3.2 模拟方案

1. 工作面回采过程模拟

工作面回采过程中基本顶的初次来压以及周期来压是冲击地压发生的一个重要因素，现采用数值模拟来分析工作面回采过程中煤层储蓄能量的变化规律，从而得到冲击地压发生的一些规律。具体模拟方法为：模拟初始位置为基本顶初次垮落步距为 40 m、周期垮落步距为 20 m，工作面从开切眼推进到 40 m 之前，煤层、直接顶用空单元（null）模拟，过了 40 m 之后，该部分用摩尔-库仑模型单元填充，参数取表 5-9 中“采空区”的参数；之后推进 20 m，煤层及直接顶采用空单元（null）模拟，过了 20 m 之后用“采空区”摩尔-库仑模型单元填充，以此类推来模拟周期来压的影响。

2. 模拟方案

高地应力和采动应力的叠加是造成许多冲击地压发生的根本原因，现对工作面回采过程中地应力对冲击地压的影响进行研究，研究内容主要分为两个部分：

（1）地应力方向对冲击地压的影响。主要分析最大水平主应力方向与工作面推进方向的夹角对冲击地压的影响，分别研究了夹角为 0°、20°、45°、70°、90°时，超前工作面区域能量的变化规律。

（2）水平主应力与自重应力的比值对冲击地压的影响。首先定义最大水平主应力与自重应力的比值为 K_1，最小水平主应力与自重应力的比值为 K_2。鹤岗矿区 K_1 分布范围为：1.3~2.2，平均值为 1.7；K_2 分布范围为 0.6~1.6，平均值为 1.0。根据鹤岗矿区 K_1 和 K_2 的实际分布情况，分别研究了不同 K_1 和 K_2 组合下，超前工作面区域能量分布情况，进而得到 K_1 和 K_2 对冲击地压影响的一些规律。

5.3.3 地应力方向对冲击地压的影响

单元体应力分布如图 5-2 所示。

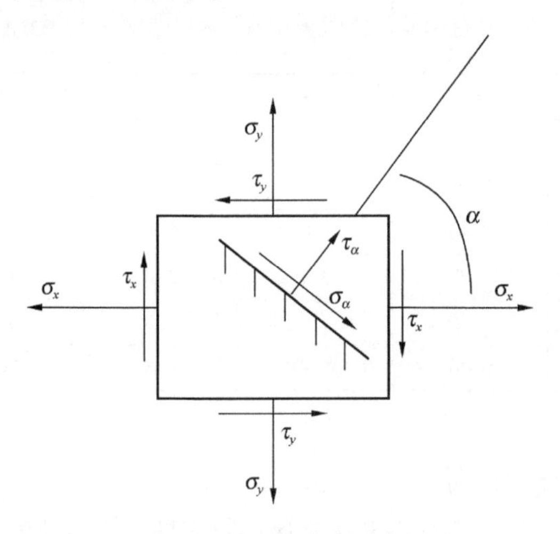

图 5-2 单元体应力分布图

1. 边界荷载

本小节主要研究地应力场方向对冲击地压的影响，地应力场方向与工作面推进方向的夹角变化主要通过改变模型的边界荷载来实现。不同夹角下模型各水平边界的应力荷载可根据式（5-1）和式（5-2）计算，其施加荷载见表 5-10。

表 5-10 不同夹角下模型的边界荷载

夹角/(°)	上部荷载/MPa	水平荷载/MPa			
		X=0，500 平面正应力	X=0，500 平面剪应力	Y=0，300 平面正应力	Y=0，300 平面剪应力
0	3.75	16.4	0	32.5	0
20	3.75	18.2837	5.17615	30.6163	5.17615

表 5-10（续）

夹角/(°)	上部荷载/MPa	水平荷载/MPa			
		X=0，500 平面正应力	X=0，500 平面剪应力	Y=0，300 平面正应力	Y=0，300 平面剪应力
45	3.75	24.45	8.05	24.45	8.05
70	3.75	30.6163	5.17615	18.2837	5.17615
90	3.75	32.5	0	16.4	0

$$\sigma_\alpha=\frac{\sigma_x+\sigma_y}{2}+\frac{\sigma_x-\sigma_y}{2}\cos2\alpha-\tau_x\sin2\alpha \tag{5-1}$$

$$\tau_\alpha=\frac{\sigma_x-\sigma_y}{2}\sin2\alpha-\tau_x\cos2\alpha \tag{5-2}$$

式中　σ_x、σ_y、τ_x——单元体各个面上的正应力与剪应力；

σ_α——单元体内任意平面上的正应力；

τ_α——剪应力。

2. 能量计算方法

工作面回采过程中，煤层中储存的能量可用式（5-3）至式（5-5）计算。

$$u=\frac{1}{2E}[\sigma_1^2+\sigma_2^2+\sigma_3^2+2\mu(\sigma_1\sigma_2+\sigma_2\sigma_3+\sigma_3\sigma_1)] \tag{5-3}$$

$$E=\frac{9KG}{3K+G} \tag{5-4}$$

$$\mu=\frac{3K-2G}{6K+2G} \tag{5-5}$$

式中　u——弹性能；

E——弹性模量；

K——体积模量；

G——剪切模量；

μ——泊松比；

σ_1、σ_2、σ_3——模型中计算单元体的三个应力。

最后通过 FISH 编程提取计算模型中各单元体的参数，从而计算出各单元体的弹性能。

3. 结果分析

本节主要研究地应力方向对工作面冲击地压的影响，通过分析最大水平主应力方向与工作面回采方向夹角不同的情况下，采煤工作面超前区域的能量分布规律，从而得到地应力场方向对工作面冲击地压影响的一些规律。

根据不同夹角下各边界荷载的计算结果，对模型施加荷载并计算，同时编写FISH程序提取工作面超前区域的能量值，将回采过程中工作面超前区域的能量值绘制成曲线图。计算结果与曲线图如图5-3至图5-12所示。

从图5-3至图5-12中可以看出，由于倾斜岩层的影响，工作面的能量集中

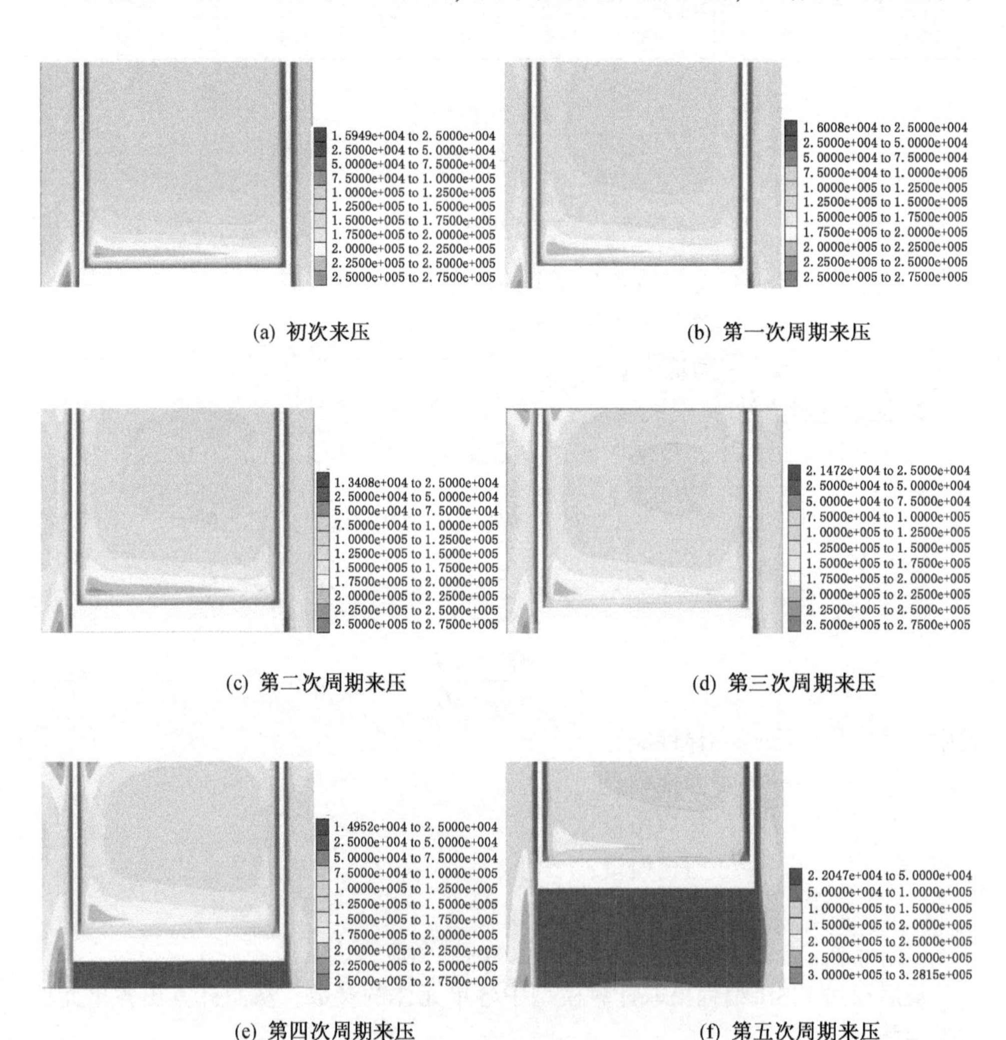

(a) 初次来压　(b) 第一次周期来压

(c) 第二次周期来压　(d) 第三次周期来压

(e) 第四次周期来压　(f) 第五次周期来压

图5-3　夹角为0°时煤层的能量云图

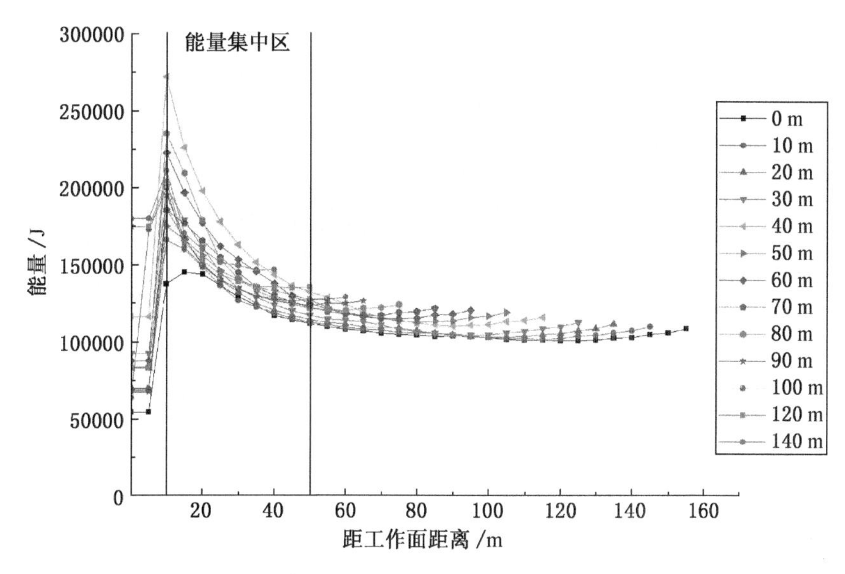

图 5-4 夹角为 0°时沿工作面推进方向能量分布图

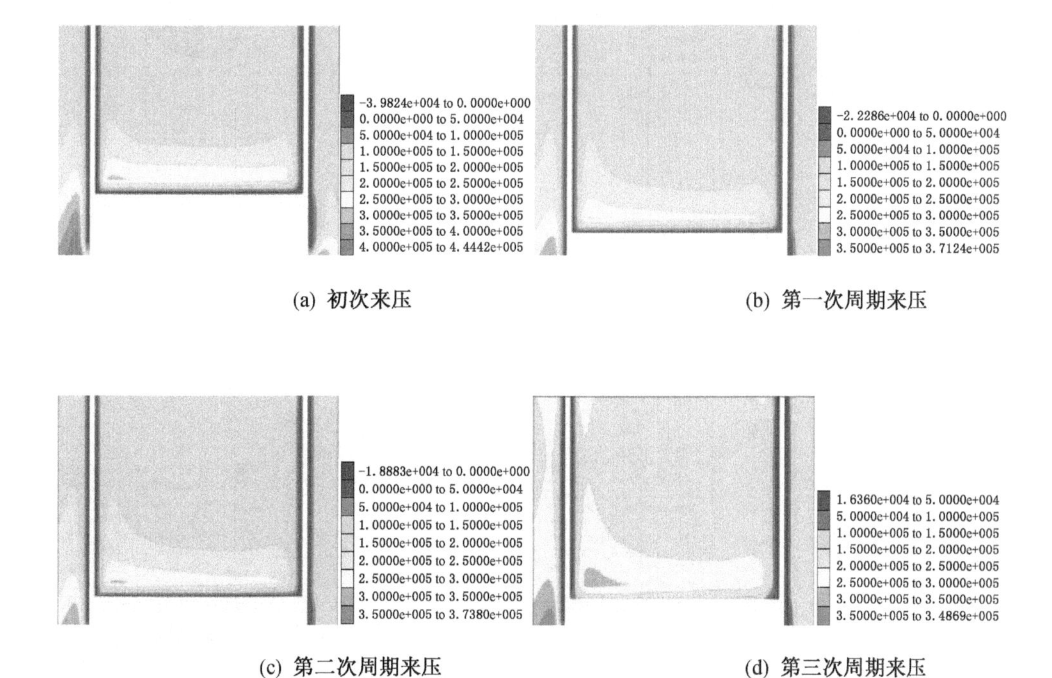

(a) 初次来压　　(b) 第一次周期来压

(c) 第二次周期来压　　(d) 第三次周期来压

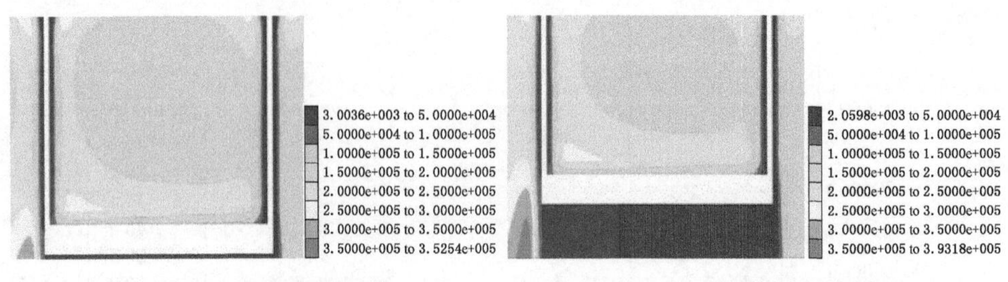

(e) 第四次周期来压　　(f) 第五次周期来压

图 5-5　夹角为 20°时煤层的能量云图

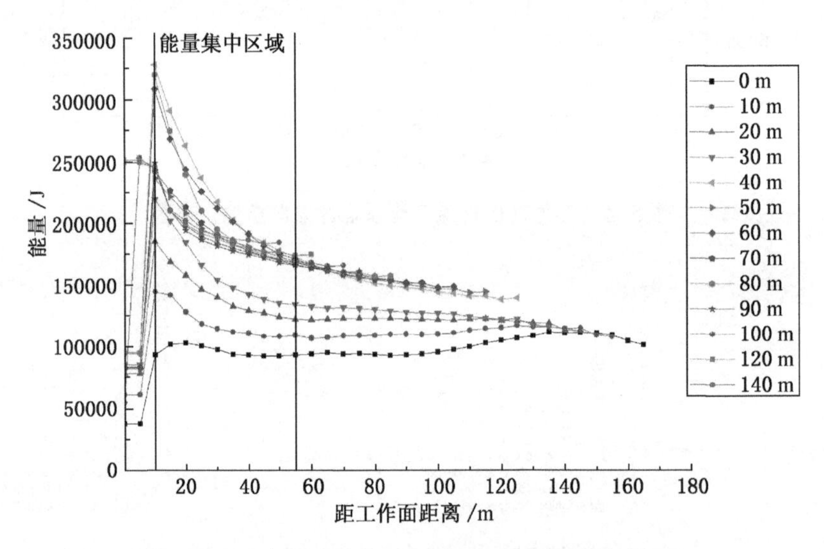

图 5-6　夹角为 20°时沿工作面推进方向能量分布图

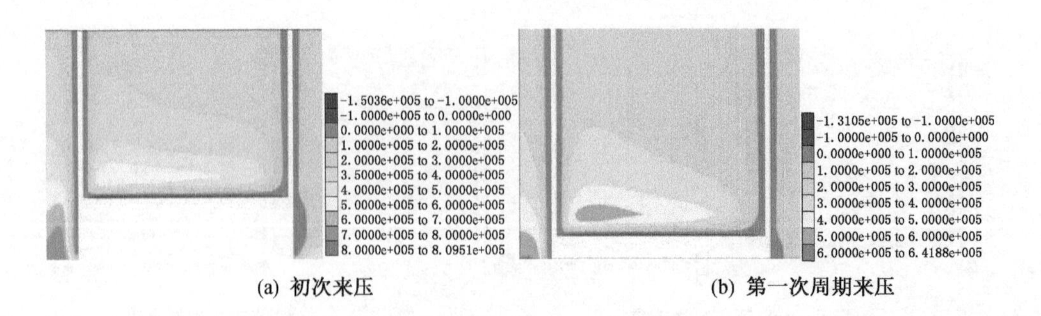

(a) 初次来压　　(b) 第一次周期来压

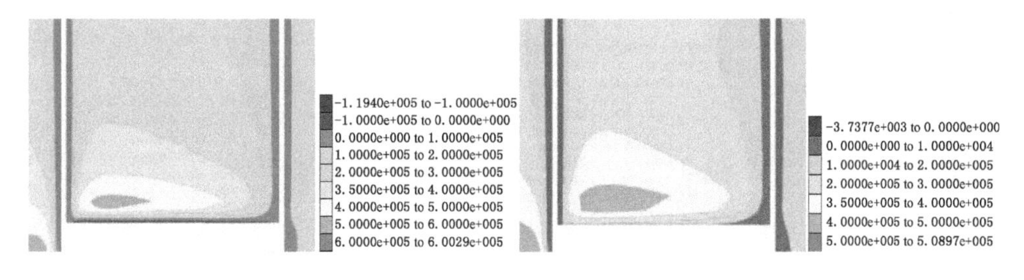

(c) 第二次周期来压　　　　(d) 第三次周期来压

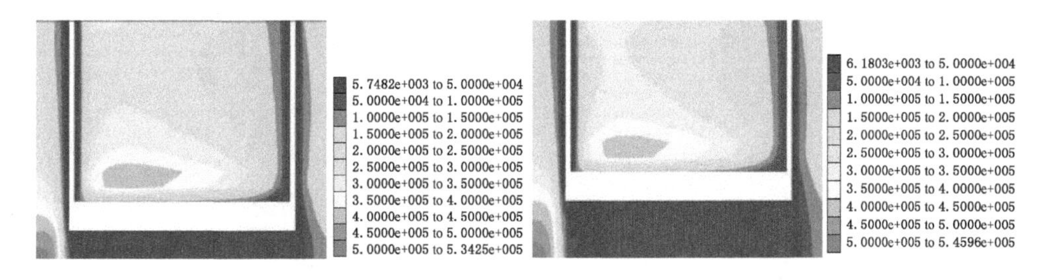

(e) 第四次周期来压　　　　(f) 第五次周期来压

图 5-7　夹角为 45°时煤层的能量云图

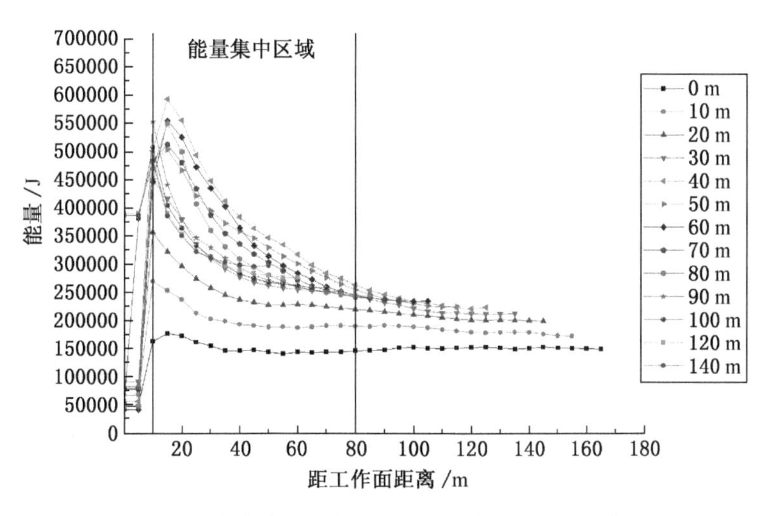

图 5-8　夹角为 45°时沿工作面推进方向能量分布图

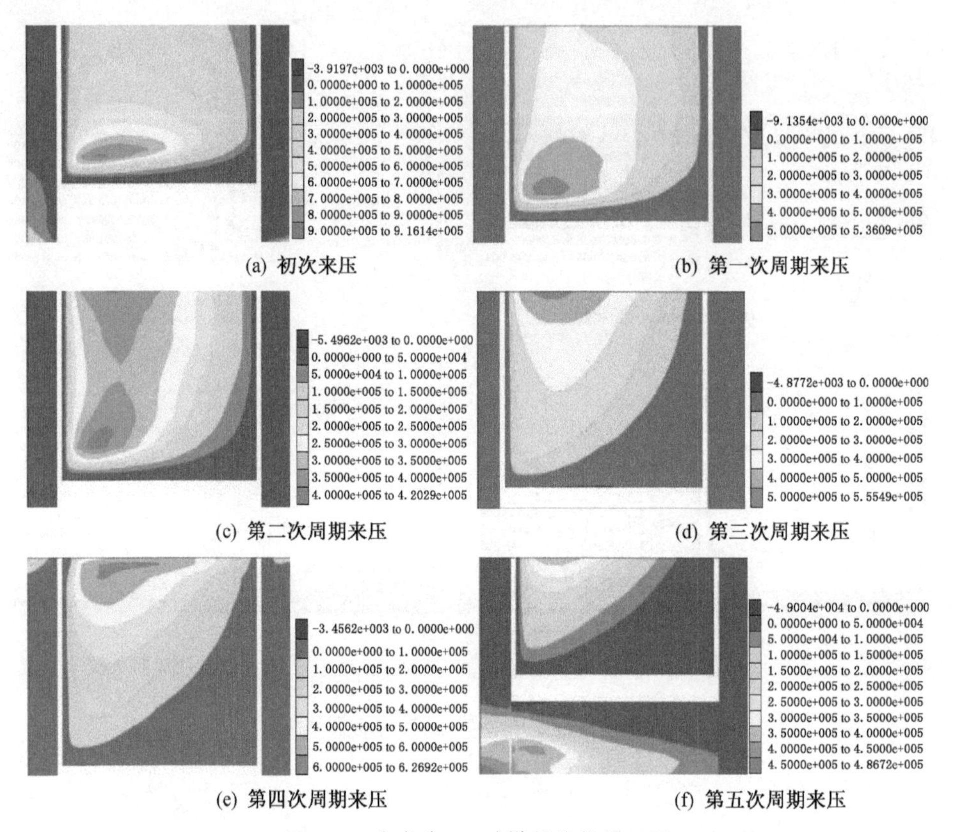

(a) 初次来压　(b) 第一次周期来压

(c) 第二次周期来压　(d) 第三次周期来压

(e) 第四次周期来压　(f) 第五次周期来压

图 5-9　夹角为 70°时煤层的能量云图

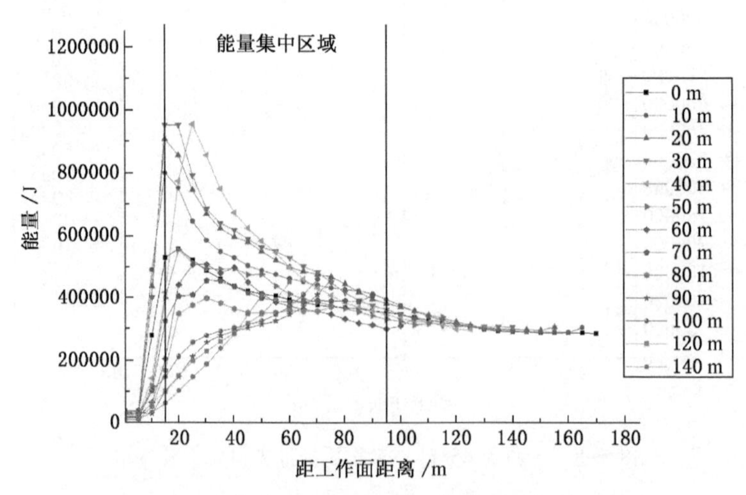

图 5-10　夹角为 70°时沿工作面推进方向能量分布图

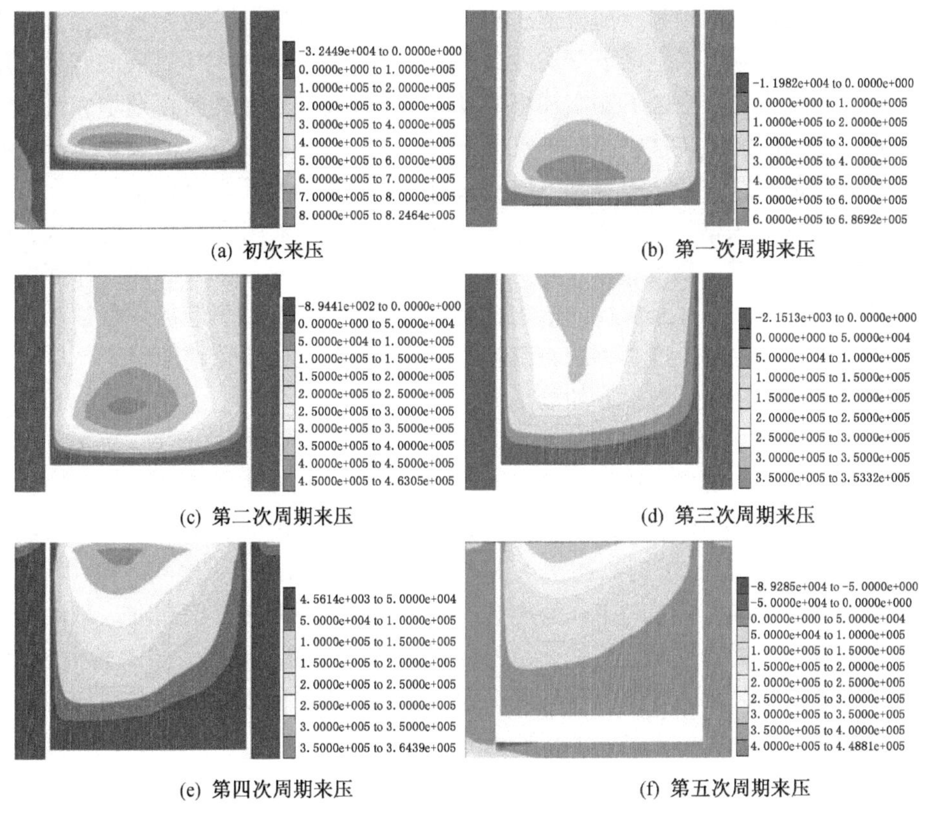

(a) 初次来压　(b) 第一次周期来压

(c) 第二次周期来压　(d) 第三次周期来压

(e) 第四次周期来压　(f) 第五次周期来压

图 5-11　夹角为 90°时煤层的能量云图

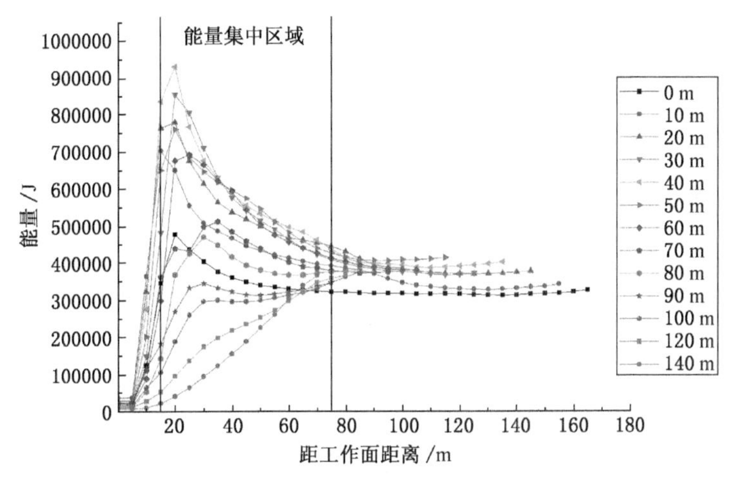

图 5-12　夹角为 90°时沿工作面推进方向能量分布图

区域偏向于工作面运输巷，即机道。初次来压时工作面超前区域能量最大。回采过程中，沿倾向方向采空区下侧实体煤层的能量要大于上侧实体煤层的能量。随着工作面的推进，采空区下侧实体煤层以及工作面超前区域能量逐渐增大，并且向远离工作面的区域转移，同时采空区下侧实体煤层中的能量逐渐大于工作面超前区域的能量。这一特征解释了工作面回采过程中冲击地压严重段多集中在工作面回风巷（即上顺槽）的现象。鹤岗矿区矿井开采多采用区段开采的方式，即上区段开采完毕后，预留煤柱并开始下一区段的开采，这样下一区段工作面的开采必然受上区段采空区及煤柱的影响，而工作面及工作面回风巷的采掘活动也将在其影响区域内进行，这必将成为引起冲击地压发生的一个重要原因。

根据工作面超前区域提取的能量值可知：

（1）当最大主应力方向与工作面推进方向之间的夹角为0°时，初次来压时煤层的峰值能量为2.7×10^5 J；夹角为20°时，初次来压峰值能量为3.3×10^5 J；夹角为45°时，初次来压峰值能量为5.9×10^5 J；夹角为70°时，初次来压峰值能量为9.5×10^5 J；夹角为90°时，初次来压峰值能量为9.3×10^5 J。由此可知，回采过程中最大水平主应力方向与工作面推进方向之间的夹角对工作面超前区域的能量分布影响较大，夹角越大，工作面超前区域聚集的能量就越多，当夹角大于70°时，工作面超前区域的峰值能量达到最大值。若聚集的能量达到冲击地压的发生条件，其释放的能量也最多，造成的破坏也最大。

（2）当最大主应力方向与工作面推进方向之间的夹角为0°、20°时，初次来压时的峰值能量聚集位置距工作面10 m；45°时，峰值能量聚集位置距工作面15 m；70°时，峰值能量聚集位置距工作面25 m；90°时，峰值能量聚集位置距工作面20 m。由此可知，随着最大水平主应力方向与工作面推进方向夹角的增加，工作面超前区域的能量逐渐向内部转移。

（3）若取工作面超前区域煤层的能量值为U_1，工作面稳定区域煤层的能量值为U_2，U_1与U_2的比值为f，可将$f>1.2$的区域视为能量集中区，不同夹角下工作面超前区域能量聚集区分布情况见表5-11。随着夹角的增大，工作面超前区域的能量集中区分布范围增大，同时能量集中区也向煤层内部转移。夹角大于70°时，峰值能量达到最大值，同时能量集中区范围也扩大到80 m。

表5-11　不同夹角下工作面超前区域能量分布情况

夹角/(°)	峰值能量/J	距工作面的距离/m	能量集中区分布范围/m
0	2.7×10^5	10	10~50
20	3.3×10^5	10	10~55

表 5-11（续）

夹角/(°)	峰值能量/J	距工作面的距离/m	能量集中区分布范围/m
45	5.9×10^5	15	10~80
70	9.5×10^5	25	15~95
90	9.3×10^5	20	15~70

5.3.4 水平主应力与自重应力的比值对冲击地压的影响

目前国内外学者主要通过研究侧压系数来分析水平应力对冲击地压的影响，而地应力场是一个三维的应力场，有最大水平主应力和最小水平主应力，其数值的变化必然会对冲击地压造成不同的影响。本节以鹤岗矿区 7 个典型冲击矿井的地应力实测数据为基础，运用有限差分数值模拟方法研究不同水平主应力组合对冲击地压的影响。

经统计，鹤岗矿区最大水平主应力与自重应力的比值分布范围为 1.3~2.2，比值分布为 1.7~2.0 的测点占总测点数的 50%；最小水平主应力与自重应力的比值分布范围为 0.6~1.6，比值分布为 0.6~0.9 的测点占总测点数的 58%。根据鹤岗矿区水平主应力与自重应力比值的分布特征，本节分别研究最大水平主应力与自重应力比值为 1.8 时，最小水平主应力与自重应力比值对冲击地压的影响，以及最小水平主应力与自重应力比值为 0.8 时，最大水平主应力与自重应力比值对冲击地压的影响。

1. 边界条件

FLAC 有限差分软件对模型施加的重力荷载是一个由上而下递增的荷载，若使模型水平荷载与自重荷载的比值为恒定值，需对模型同样施加由上而下递增的水平荷载。模型平均密度为 2.5×10^3 kg/m^3，上部施加荷载为 3.75 MPa。根据设计荷载比值，可计算出各设计方案的水平荷载值。取最大水平主应力与自重应力的比值为 K_1，最小水平主应力与自重应力的比值为 K_2，其荷载计算结果见表 5-12 和表 5-13。

表 5-12 $K_1=1.8$ 时不同 K_2 条件下模型的边界荷载

序号	K_2	上部荷载/MPa	$X=0$，500 平面荷载/MPa	$Y=0$，300 平面荷载/MPa
1	0.6	3.75	$6.75+0.045h$	$2.25+0.015h$
2	0.8	3.75	$6.75+0.045h$	$2.25+0.02h$
3	1.0	3.75	$6.75+0.045h$	$2.25+0.025h$
4	1.2	3.75	$6.75+0.045h$	$2.25+0.03h$
5	1.4	3.75	$6.75+0.045h$	$2.25+0.035h$

表 5-13 $K_2=0.8$ 时不同 K_1 条件下模型的边界荷载

序号	K_1	上部荷载/MPa	$X=0$，500 平面荷载/MPa	Y=0，300 平面荷载/MPa
1	1.4	3.75	5.25+0.035h	2.25+0.02h
2	1.6	3.75	6+0.04h	2.25+0.02h
3	1.8	3.75	6.75+0.045h	2.25+0.02h
4	2.0	3.75	7.5+0.05h	2.25+0.02h
5	2.2	3.75	8.25+0.055h	2.25+0.02h

2. 结果分析

本节主要分析不同的水平应力与垂直应力比值对冲击地压的影响，通过分析 $K_1=1.8$ 时不同 K_2 条件下采煤工作面超前区域煤层能量分布情况，以及 $K_2=0.8$ 时不同 K_1 条件下采煤工作面超前区域煤层能量分布情况，得出不同的水平应力与垂直应力比值对工作面超前区域能量分布的影响，进而分析水平应力与垂直应力比值对冲击地压的影响。

图 5-13 为 $K_1=1.8$ 时不同 K_2 条件下基本顶初次来压时工作面超前区域的能量分布云图。从图 5-13 中可以看出，$K_1=1.8$ 时 K_2 对工作面超前区域的能量分布影响很小，随着 K_2 的增大其峰值能量变化较小，并且能量集中区域变化不大。通过编写 FISH 命令流提取工作面超前区域的能量值，并将其绘制成曲线，如图 5-14 所示。随着 K_2 的增加，工作面超前区域的峰值能量随之增加，但增加幅度较小。与 $K_2=0.6$ 时的峰值能量相比，$K_2=0.8$ 时峰值能量增加 1.59%，$K_2=1.0$ 时峰值能量增加 4.26%，$K_2=1.2$ 时峰值能量增加 6.29%，$K_2=1.4$ 时峰值能量增加 8.22%。同时取工作面超前区域煤层的能量值为 U_1，工作面稳定区域煤层的能量值为 U_2，U_1 与 U_2 的比值为 f，将 $f>1.2$ 的区域视为能量集中区，统计不同 K_2 条件下能量集中区的分布范围见表 5-14。从表 5-14 中可以看出，$K_1=1.8$ 时 K_2 对能量集中区域的分布范围影响很小。

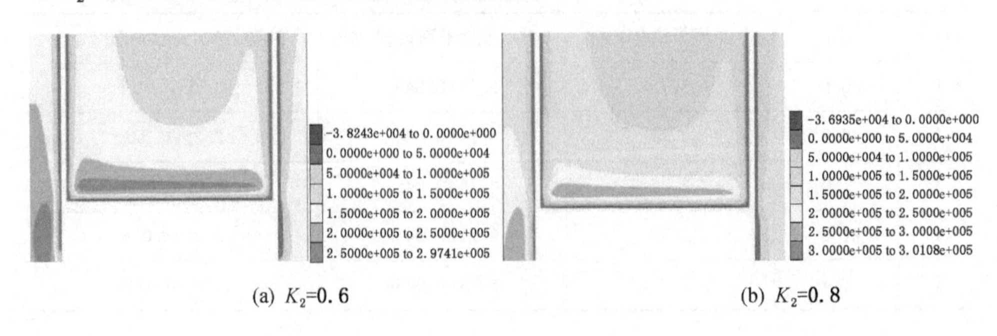

(a) K_2=0.6　　(b) K_2=0.8

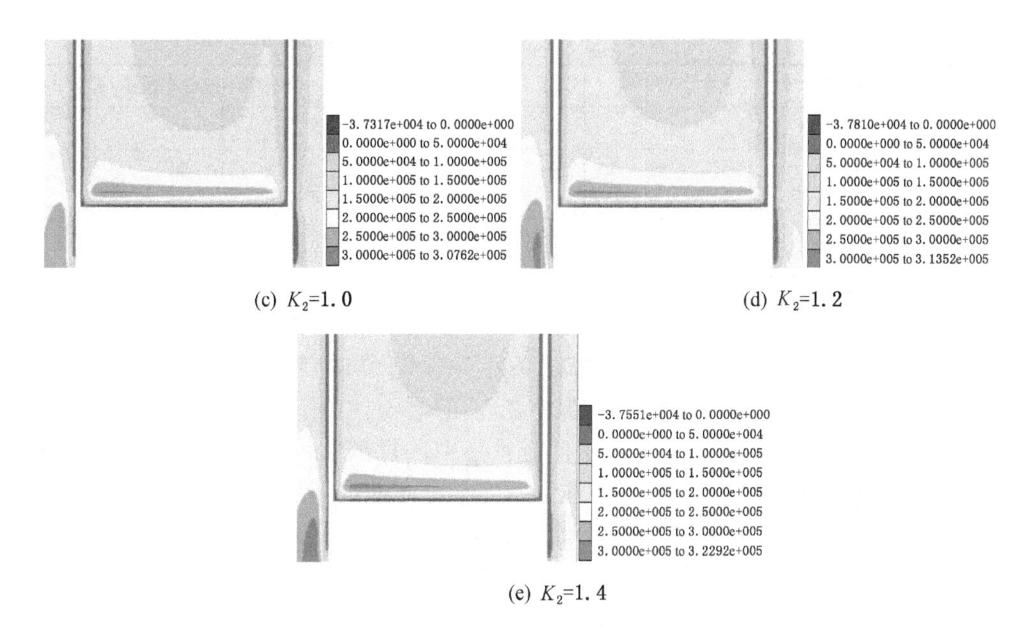

(c) K_2=1.0　　(d) K_2=1.2

(e) K_2=1.4

图 5-13　$K_1=1.8$ 时不同 K_2 条件下基本顶初次来压时工作面超前区域的能量分布云图

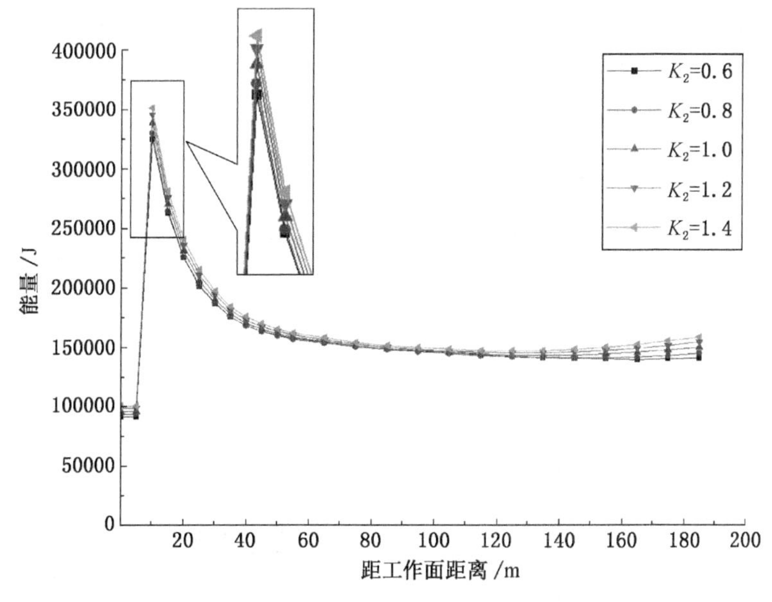

图 5-14　$K_1=1.8$ 时不同 K_2 条件下工作面超前区域能量分布曲线

表 5-14　$K_1=1.8$ 时不同 K_2 条件下工作面超前区域能量分布范围

K_2	峰值能量/J	增加幅度/%	距工作面的距离/m	能量集中区分布范围/m
0.6	324810	0	10	10~40
0.8	329960	1.59	10	10~40
1.0	338660	4.26	10	10~40
1.2	345250	6.29	10	10~40
1.4	351500	8.22	10	10~40

图 5-15 所示为 $K_2=0.8$ 时不同 K_1 条件下基本顶初次来压时工作面超前区域的能量分布图。从图中可以看出，随着 K_1 值的增大，工作面超前区域以及采空区下侧煤层区域能量逐渐增大，并且能量集中区也随之增大。图 5-16 所示为 $K_2=0.8$ 时不同 K_1 条件下工作面超前区域能量分布曲线图。从图 5-16 中可以看出，K_1 值的变化对工作面超前区域能量分布的影响有以下特征：

（1）对工作面超前区域峰值能量的影响。随着 K_1 的增大，工作面超前区域峰值能量逐渐增大。当 K_1 由 1.8 变为 2.0 时，其工作面超前区域峰值能量变化最大。当 $K_1=2.2$ 时，与 $K_1=1.4$ 时的峰值能量相比，其工作面超前区域峰值能量增加了 1 倍；同时 K_1 的变化对峰值能量聚集的位置有一定的影响，随着 K_1 的增大，峰值能量有向煤层内部转移的趋势。当 $K_1=2.2$ 时，工作面超前区域的峰值能量出现的位置由 10 m 转移至 15 m。

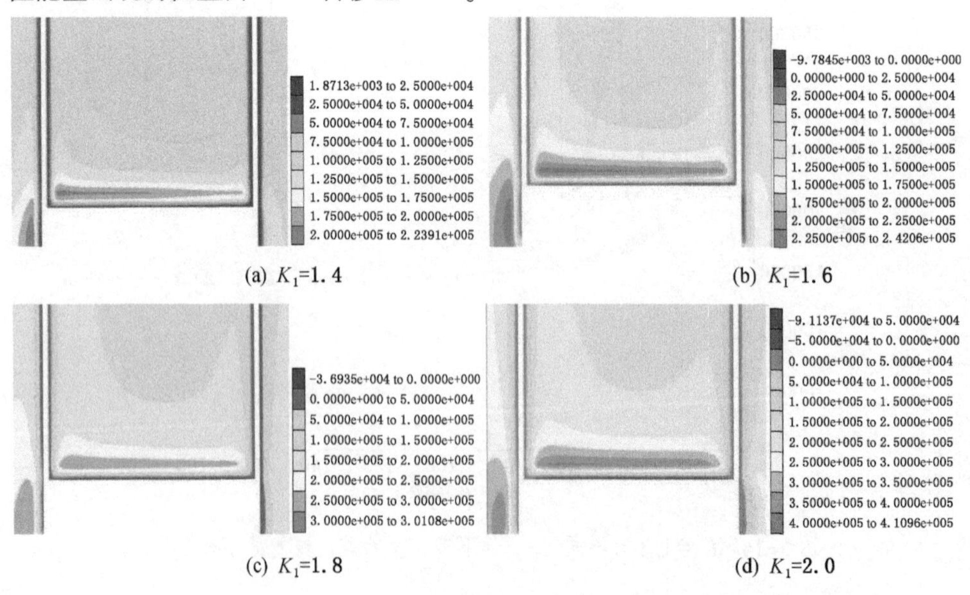

(a) $K_1=1.4$　　(b) $K_1=1.6$

(c) $K_1=1.8$　　(d) $K_1=2.0$

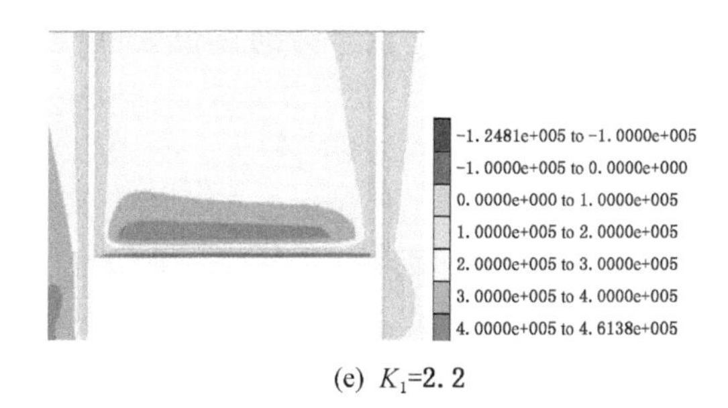

(e) K_1=2.2

图 5-15 $K_2=0.8$ 时不同 K_1 条件下基本顶初次来压时工作面超前区域的能量分布云图

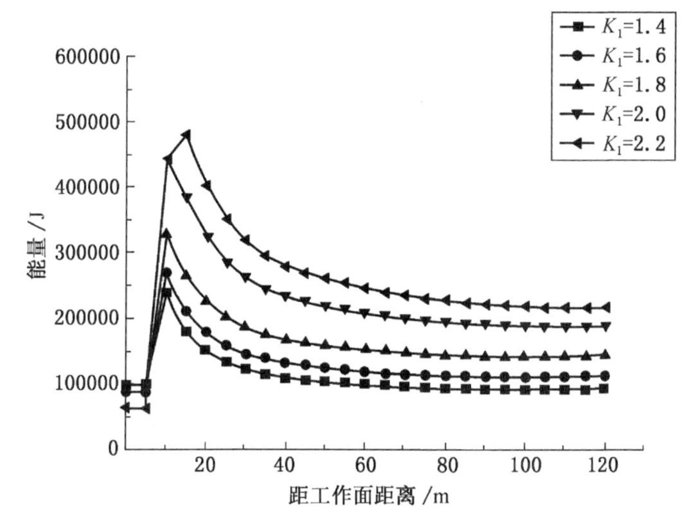

图 5-16 $K_2=0.8$ 时不同 K_1 条件下工作面超前区域能量分布曲线

（2）对能量集中区的影响。K_1 值的变化对煤层能量集中区的分布影响较大。由表 5-15 可以看出，随着 K_1 值的增大，工作面前方煤层能量集中区逐渐增大。

表 5-15 $K_2=0.8$ 时不同 K_1 条件下工作面超前区域能量分布情况

K_1	峰值能量/J	增加幅度/%	距工作面的距离/m	能量集中区分布范围/m
1.4	239950	0	10	10~40
1.6	270170	12.59	10	10~45
1.8	329960	37.51	10	10~45
2.0	442580	84.45	10	10~50
2.2	480020	100.05	15	10~55

总而言之，最大水平主应力与垂直应力的比值 K_1 以及最小水平应力与垂直应力的比值 K_2 对工作面回采过程中煤层能量的分布有一定的影响。其中 K_1 对工作面超前区域煤层能量的分布情况影响较大，K_1 由 1.4 变为 2.2 时，其模拟工作面的峰值能量增加了 1 倍，K_1 值越大，工作面回采过程中煤层集聚的能量也越多，越容易引起冲击地压的发生，并且冲击地压发生后所释放的能量也越大，造成的破坏也越大；虽然随着 K_2 的增大，工作面超前区域的能量也随之增大，但 K_2 值的变化对工作面超前区域的能量分布影响较小，K_2 由 0.6 增加到 1.4 时，模拟工作面峰值能量仅增加了 8.22%，能量集中区域基本没有变化。

5.4 冲击地压区域危险性评价

5.4.1 冲击地压发生的能量机理及判据

根据能量准则，当煤（岩）体受到破坏时，其瞬时释放的能量大于其消耗的能量时即发生冲击地压，可用以下公式表述：

$$U_e > U_c \tag{5-6}$$

式中 U_e——煤（岩）体瞬时释放的能量；

U_c——其消耗的能量。

根据岩体破坏最小能量原理，岩体在三向应力作用下存储了大量的体积弹性能。岩体破坏时，应力状态迅速由三向应力转成两向应力，最终变为单向应力。应力状态由三维变为一维时，破坏损耗能差异大，多出来的这部分能量转化为抛出岩石的动能。而岩石破坏所需要消耗的最小能量表达式如下：

$$U_{min} = \frac{\sigma_c^2}{2E} \tag{5-7}$$

式中 U_{min}——岩体动力破坏所需要的最小能量；

E——弹性模量；

σ_c——岩石抗压强度。

因此，冲击地压发生时能量释放的过程可概述为，岩体动力破坏时首先满足其动力破坏的最小能量，其次多余的能量用于最小能量释放路径中岩体的塑性变形、破坏及热能等能量损耗，到达临空面时富余的能量转变为抛出岩石的动能。设 U_e 为岩体动力破坏时所释放能量到达临空面时的剩余能量，U_{min} 为岩体动力破坏所需要的最小能量，U_{cmin} 为岩体动力破坏时最小能量释放路径中消耗的能量，U_s 为岩体动力破坏前所储存的总能量，则能量准则可表示为

$$U_e = U_s - U_{min} - U_{cmin} > 0 \tag{5-8}$$

岩体动力破坏时所释放的能量到达临空面时的剩余能量 U_e 可根据矿区发生的冲击地压资料统计得出，而岩体动力破坏时最小能量释放路径中消耗的能量 U_{cmin} 与现场实际工况、岩体结构及岩体的物理力学性质有关，十分复杂，难以确定。岩体动力破坏前所储存的能量 U_s 可通过岩石所承受的原岩应力求得，计算公式如下：

$$U_s = \frac{1}{2E}[\sigma_1{}^2 + \sigma_2{}^2 + \sigma_3{}^2 + 2\mu(\sigma_1\sigma_2 + \sigma_2\sigma_3 + \sigma_3\sigma_1)] \tag{5-9}$$

若 U_{emin} 取冲击地压发生时到达临空面的最小能量，则冲击地压能量准则如下：

$$U_s > U_{min} + U_{cmin} + U_{emin} \tag{5-10}$$

由于岩体动力破坏时最小能量释放路径中所消耗的能量 U_{cmin} 难以确定。因此对于弱冲击倾向性煤层，本书将冲击地压危险性评价判据表示为

$U_s < U_{min} + U_{emin}$　　安全区

$U_{min} + U_{emin} \leqslant U_s < U_{min} + U_{emax}$　　威胁区

$U_s \geqslant U_{min} + U_{emax}$　　危险区

其中，U_{emax} 为矿井冲击地压监测的预警能量值。

对于强冲击倾向性煤层，本书将冲击地压危险性评价判据表示为

$U_s < U_{min} + U_{emin}$　　威胁区

$U_s \geqslant U_{min} + U_{emin}$　　危险区

5.4.2 冲击地压区域危险性评价

目前鹤岗矿区主要开采水平为-330 m 水平、-450 m 水平和-530 m 水平，主要开采煤层有 3 号、9 号、11 号、15 号、17 号、18 号、21 号、21-1 号、22 号、27 号、30 号。而冲击地压集中分布在 3 号、11 号、17 号、18 号煤层。本节主要针对这 4 个煤层进行冲击地压区域危险性评价。

根据鹤岗矿区冲击地压资料统计，鹤岗矿区发生冲击地压时释放能量范围为 $3.57\times10^4 \sim 9.12\times10^9$ J，可取 U_{emin} 为 3.57×10^4 J。经过在鹤岗矿区现场实际反复验证，鹤岗矿区冲击地压监测的预警能量值为 1.0×10^5 J。因此，U_{emax} 取值为 1.0×10^5 J。

根据鹤岗矿区各煤层实测的物理力学参数，求取各煤层动力破坏时的最小能量（表 5-16）。煤层岩体储存能量 U_s 依据第 4 章地应力数值模拟结果计算，然后将计算结果导入 Surfer 软件绘制鹤岗矿区储值能量图，同时将冲击挤压区域危险性评价判据输入软件，即可得到矿区冲击煤层的危险区域分布图。

表 5-16　鹤岗矿区冲击煤层动力破坏时的最小能量

煤层	抗压强度/MPa	最小能量/J
3 号	13.511	10141.51
益新 3 号	14.582	11813.04
11 号	10.737	6404.621
17 号	8.658	4164.498
峻德 17 号	19.353	20807.7
18 号	9.257	4760.669

1. 鹤岗矿区 3 号煤层冲击区域危险性评价及现场冲击地压分析

鹤岗矿区 3 号煤层具有冲击倾向性，不同区域 3 号煤层表现出不同的冲击倾向性特性（表 5-8）。大部分区域 3 号煤层表现为弱冲击倾向性，而在益新矿区内 3 号煤层具有强冲击倾向性。依据 5.4.1 节的能量判据计算方法，计算出 3 号煤层的能量判据。对于弱冲击倾向性区域，其判据如下：

$U_s < 45841.51$ J　　安全区

45841.51 J $\leqslant U_s < 110141.51$ J　　威胁区

$U_s \geqslant 110141.5$ J　　危险区

对于强冲击倾向性区域，其判据为：

$U_s < 47513.04$ J　　威胁区

$U_s \geqslant 47513.04$ J　　危险区

根据第 4 章有关地应力数值模拟结果计算鹤岗矿区 3 号煤层储存能量，并将计算结果及能量判据导入 Surfer 软件，绘制鹤岗矿区 3 号煤层冲击危险区域划分图，如图 5-17 所示。

3 号煤层冲击地压发生记录显示，2004—2010 年 3 号煤层冲击地压共发生 5 次，发生地点分别在峻德煤矿二水平北 3 号煤层三区二段一分层 295 m 高档普采工作面回风巷、三水平北 3 号煤层三四区一段工作面及回风巷。其中二水平发生冲击地压 1 次，三水平（-330 m 水平）发生冲击地压 4 次。3 号煤层冲击地压发生区域在图 5-17a 中标出，冲击地压发生位置在威胁区域内，地应力引起的煤层储蓄能是冲击地压发生的一个重要因素。同时采空区以及邻近采空区厚层坚硬顶悬顶、上段遗留煤柱、工作面回采等因素造成的应力叠加，是冲击地压发生的直接影响因素。

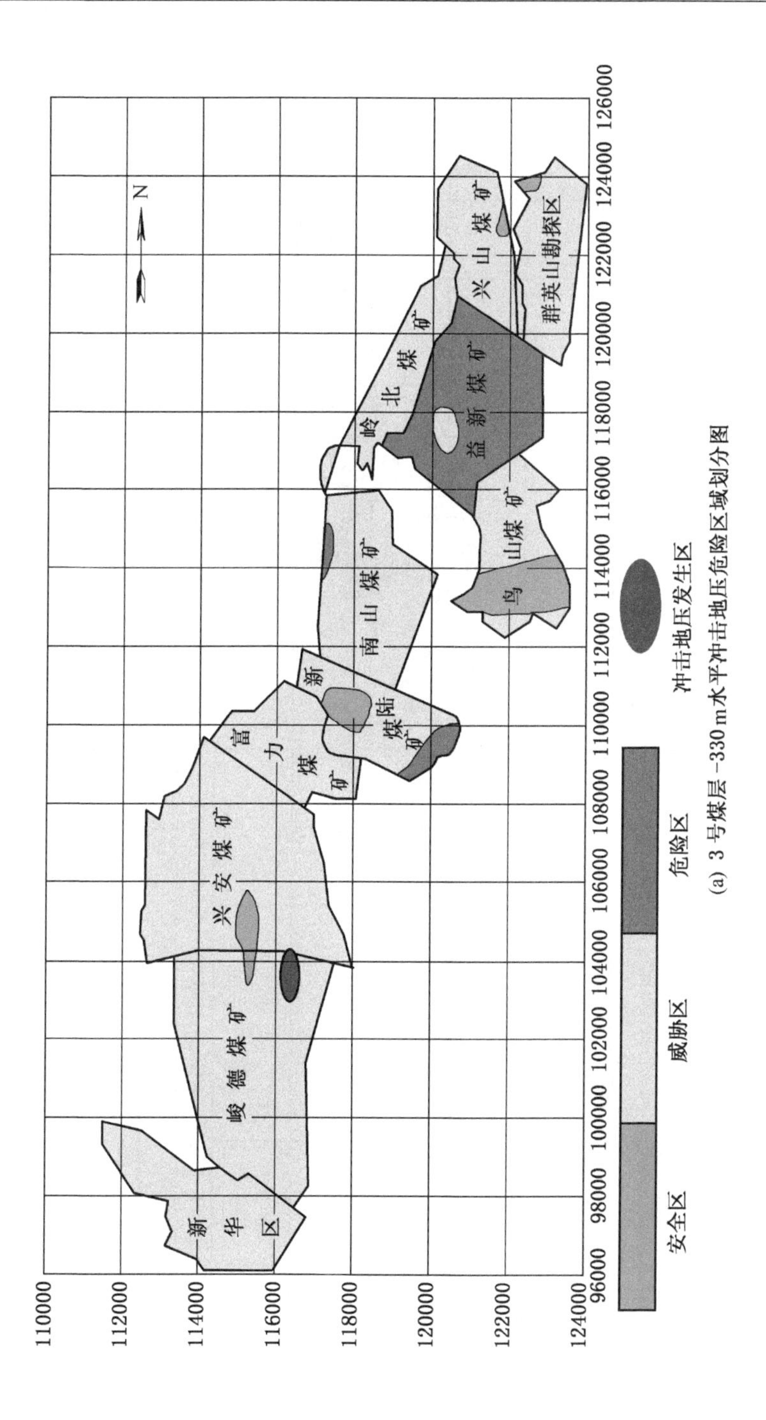

(a) 3 号煤层 −330 m水平冲击地压危险区域划分图

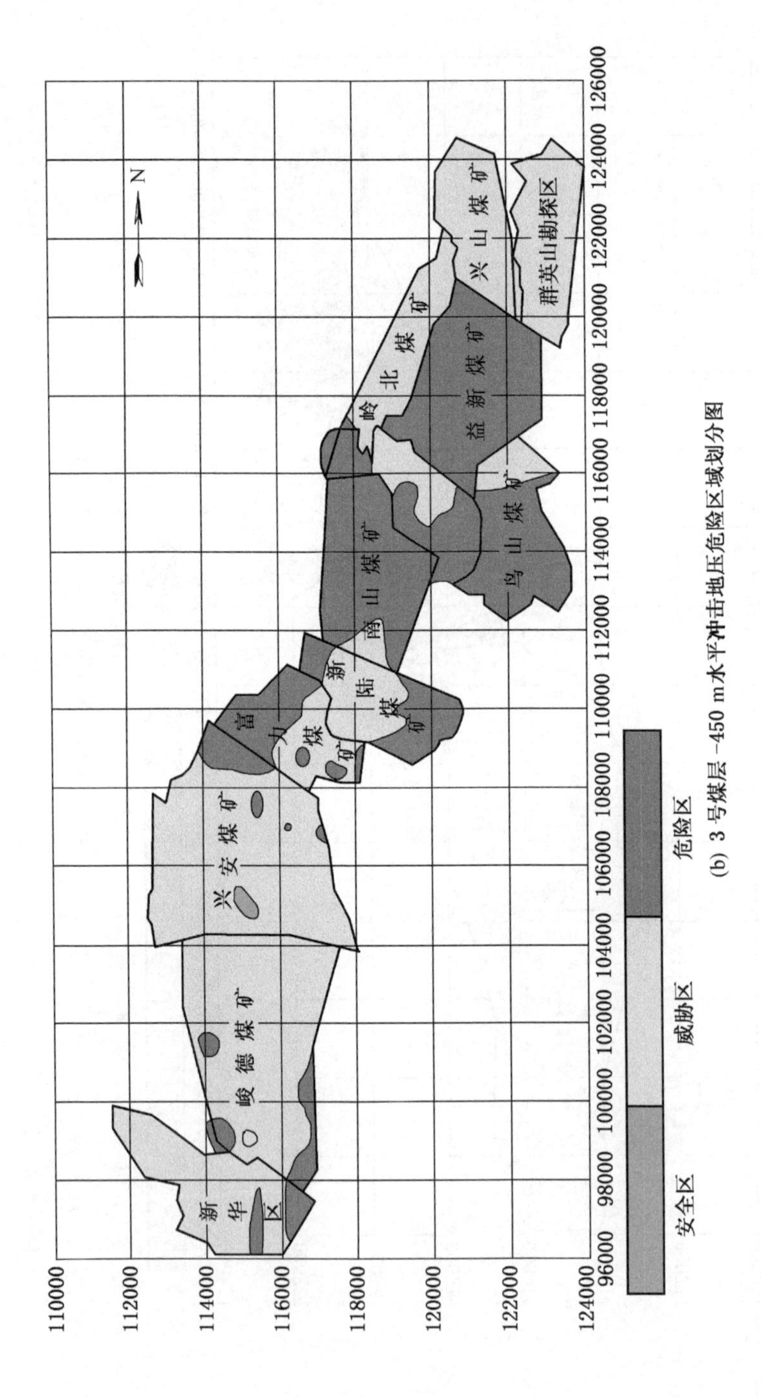

(b) 3号煤层 -450 m水平冲击地压危险区域划分图

图5-17 鹤岗矿区3号煤层冲击地压危险区域划分图

目前鹤岗矿区3号煤层的开采主要集中在峻德煤矿和益新煤矿，开采水平为-330 m水平和-450 m水平，从冲击倾向性评价结果（表5-8）来看，3号煤层在峻德煤矿为弱冲击倾斜性煤层，而在益新煤矿为强冲击倾向性煤层，其煤层顶板均具有强冲击倾向性。从冲击地压危险区域划分图（图5-17）中看，峻德矿位于冲击地压威胁区域，益新矿位于冲击地压危险区域，加之顶板具有强冲击倾向性，因此峻德矿和益新矿在开采3号煤层过程中容易发生冲击地压。

2. 鹤岗矿区11号煤层冲击区域危险性评价及现场冲击地压分析

鹤岗矿区11号煤层具有弱冲击倾向性，依据5.4.1节的能量判据计算方法，计算出11号煤层的能量判据。其判据如下：

$U_s < 42104.62$ J　　　　安全区

$42104.62 \text{ J} \leqslant U_s < 106404.6$ J　　　　威胁区

$U_s \geqslant 106404.6$ J　　　　危险区

鹤岗矿区11号煤层冲击危险区域划分如图5-18所示。根据鹤岗矿区冲击地压记录资料显示，2012年11号煤层共发生冲击地压6次，兴安矿四水平北11号煤层1-3区二段发生冲击地压4次，新陆矿-490 m南11号煤层里部区前串风道2次，兴安矿冲击地压发生在-330 m水平，新陆矿发生在-490 m水平。具体位置分别在图5-18中标出，兴安矿冲击地压发生在冲击地压威胁区内，地应力引起的能量储蓄是冲击地压发生的一个重要因素，而新陆矿冲击地压发生的位置处于冲击地压危险区，地应力引起的能量储蓄是冲击地压发生的重大原因之一。

目前鹤岗矿区11号煤层的开采主要集中在富力矿、新陆矿和兴安矿，开采水平为-330 m水平、-450 m水平和-530 m水平，从冲击倾向性评价结果（表5-8）来看，11号煤层为弱冲击倾向性煤层，顶板为弱冲击倾向性岩层或无冲击倾向性岩层，其中兴安矿、富力矿11号煤层顶板具有弱冲击倾向性，而新陆煤矿11号煤层顶板无冲击倾向性。从11号煤层冲击地压危险区域划分图（图5-18）中看：①兴安矿大部分区域处于冲击地压威胁区域，随着深度的增加，东北部和北部出现冲击地压危险区。由此可以得出，随着深度的增加，地应力引起的能量储蓄将会成为兴安煤矿东北部和北部冲击地压发生的主要因素。②富力矿11号煤层开采深度为630~780 m，开采水平为-330 m水平、-450 m水平。其冲击危险区域集中在矿区西部，而矿区煤层倾向向东，随着进一步开采，工作面在东部分布较多，因此应注意富力矿东部冲击地压危险区域。③新陆矿开采深度较深，11号煤层主要开采水平分布在-450 m水平和-530 m水平，另有一些工作面分布在更深处，埋深可达1100 m，在-450 m水平和-530 m水平新陆矿西部和东部储蓄能量值较高，随着深度的增加，矿区东部和西部均分布在冲击地压危险区

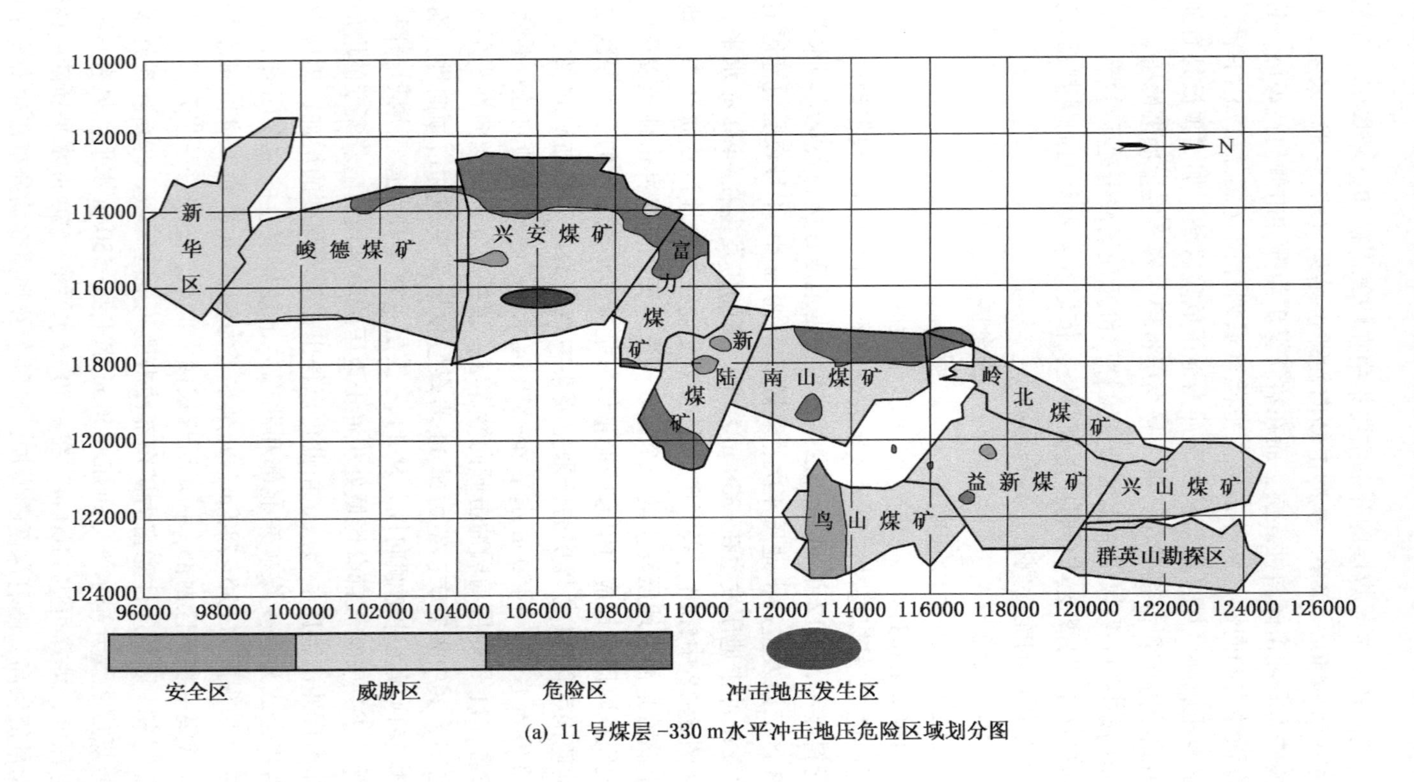

(a) 11 号煤层 -330 m水平冲击地压危险区域划分图

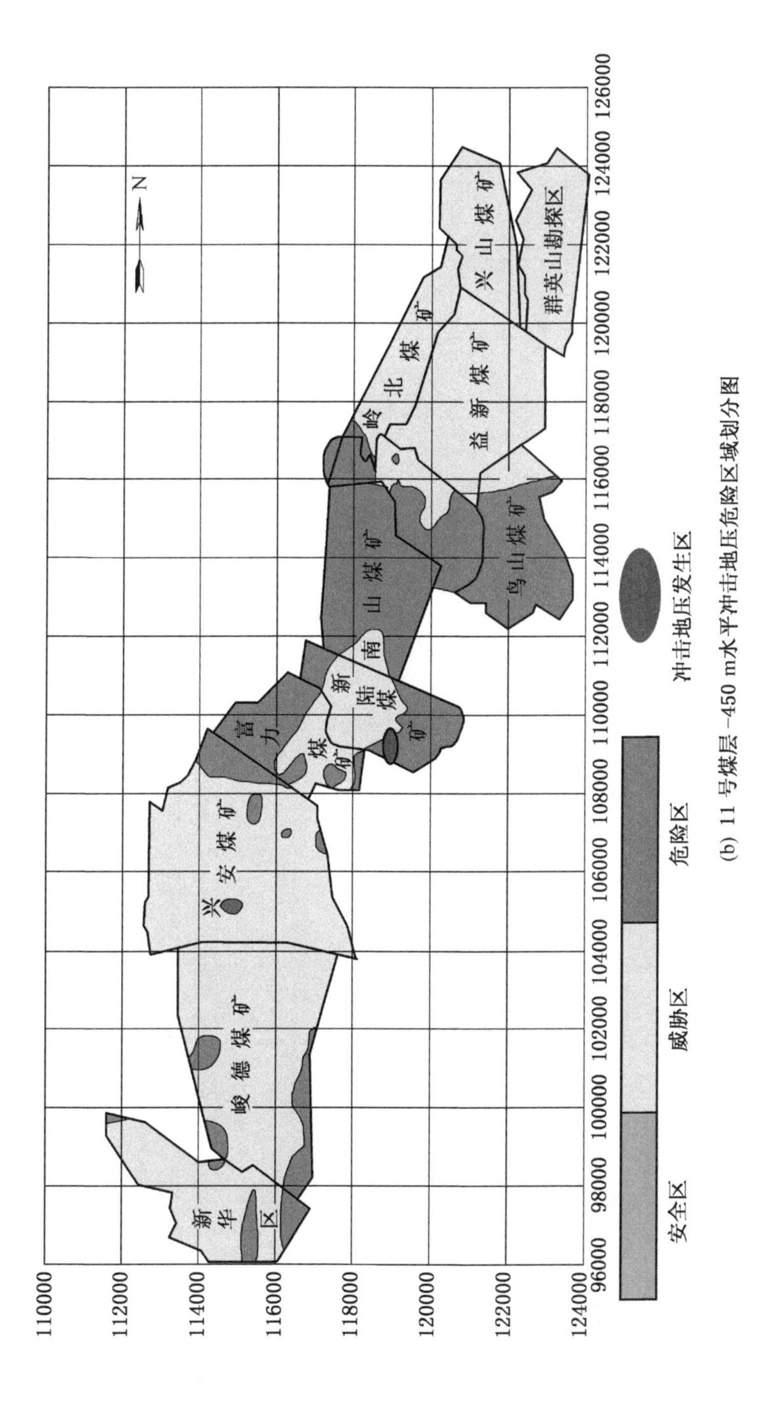

(b) 11 号煤层 −450 m水平冲击地压危险区域划分图

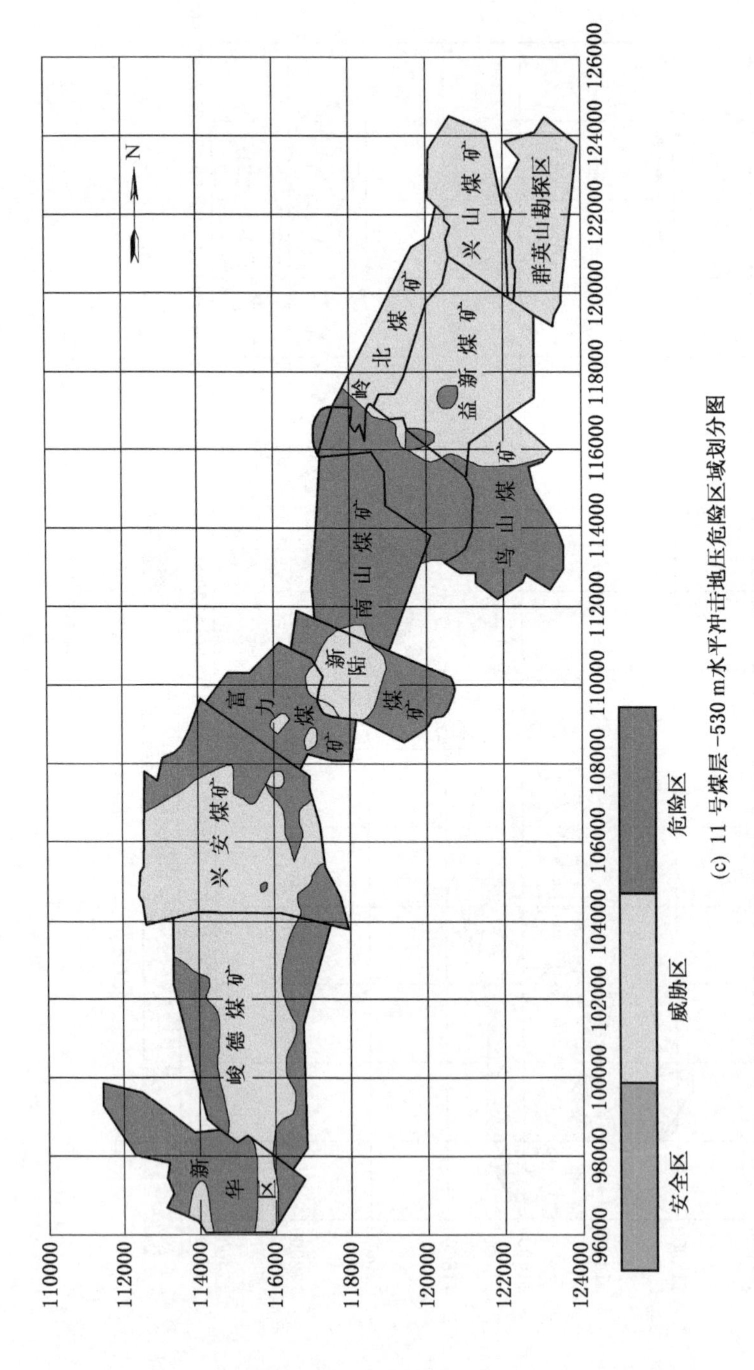

(c) 11 号煤层 -530 m水平冲击地压危险区域划分图

图5-18 鹤岗矿区11号煤层冲击地压危险区域划分图

域。目前新陆矿的工作面多集中在冲击地压危险区域，地应力引起的能量储蓄将是其冲击地压发生的主要原因。

3. 鹤岗矿区 17 号煤层冲击区域危险性评价及现场冲击地压分析

鹤岗矿区 17 号煤层具有冲击倾向性，不同区域 17 号煤层表现出不同的冲击倾向性特性（表 5-8）。17 号煤层在兴安矿表现为弱冲击倾向性，而在峻德矿区内 17 号煤层具有强冲击倾向性。依据 5. 4. 1 节的能量判据计算方法，计算出 17 号煤层的能量判据。对于弱冲击倾向性区域，其判据如下：

$U_s < 39864.5$ J　　安全区

39864.5 J $\leqslant U_s < 104164.5$ J　　威胁区

$U_s \geqslant 104164.5$ J　　危险区

对于强冲击倾向性区域，其判据为

$U_s < 56507.7$ J　　威胁区

$U_s \geqslant 56507.7$ J　　危险区

运用第 4 章有关地应力数值模拟结果计算鹤岗矿区 17 号煤层储存能量，并将计算结果及能量判据导入 Surfer 软件，绘制鹤岗矿区 17 号煤层冲击危险区域划分图。如图 5-19 所示。根据鹤岗冲击地压记录资料，2004—2013 年期间 17 号煤层共发生 26 次冲击地压，发生地点分别为兴安煤矿四水平南 17-1 层 2-4 区一段，峻德煤矿二水平北 17 层三、四区三段同，峻德煤矿二水平北 17 层四区三段，峻德煤矿三水平北 17 层三四区一段。兴安煤矿 17 号煤层冲击地压发生次数为 8 次，均位于-330 m 水平。峻德煤矿发生次数为 18 次，其中三水平（-330 m 水平）发生的冲击地压次数为 16 次。具体发生位置分别在图 5-19 中标出。冲击地压发生位置在威胁区域内，地应力引起的煤层储蓄能是冲击地压发生的一个重要因素。同时采空区以及邻近采空区厚层坚硬顶悬顶、上段遗留煤柱、工作面回采等因素造成的应力叠加，是冲击地压发生的直接影响因素。

目前鹤岗矿区 17 号煤层的开采主要集中在兴安矿和峻德矿，开采水平为-330 m水平。冲击倾向性评价结果（表 5-8）显示，峻德矿 17 号煤层及顶板均具有强冲击倾向性煤层，而兴安矿 17 号煤层及顶板均具有弱冲击倾向性。从 17 号煤层冲击地压危险区域划分图（图 5-19）可以看出，峻德矿-330 m 水平 17 号煤层全部处于冲击地压危险区域，地应力引起的能量储蓄是 17 号煤层冲击地压发生的一个重要因素。该煤层及顶板的冲击倾向性为其冲击地压发生的主要因素；兴安煤矿冲击地压危险区域主要分布在矿区的西部，东部为冲击地压威胁区域。而目前兴安煤矿的工作面主要布置在东部，地应力引起的煤层能量储蓄只能作为其冲击地压发生的一个重要因素加以考虑。

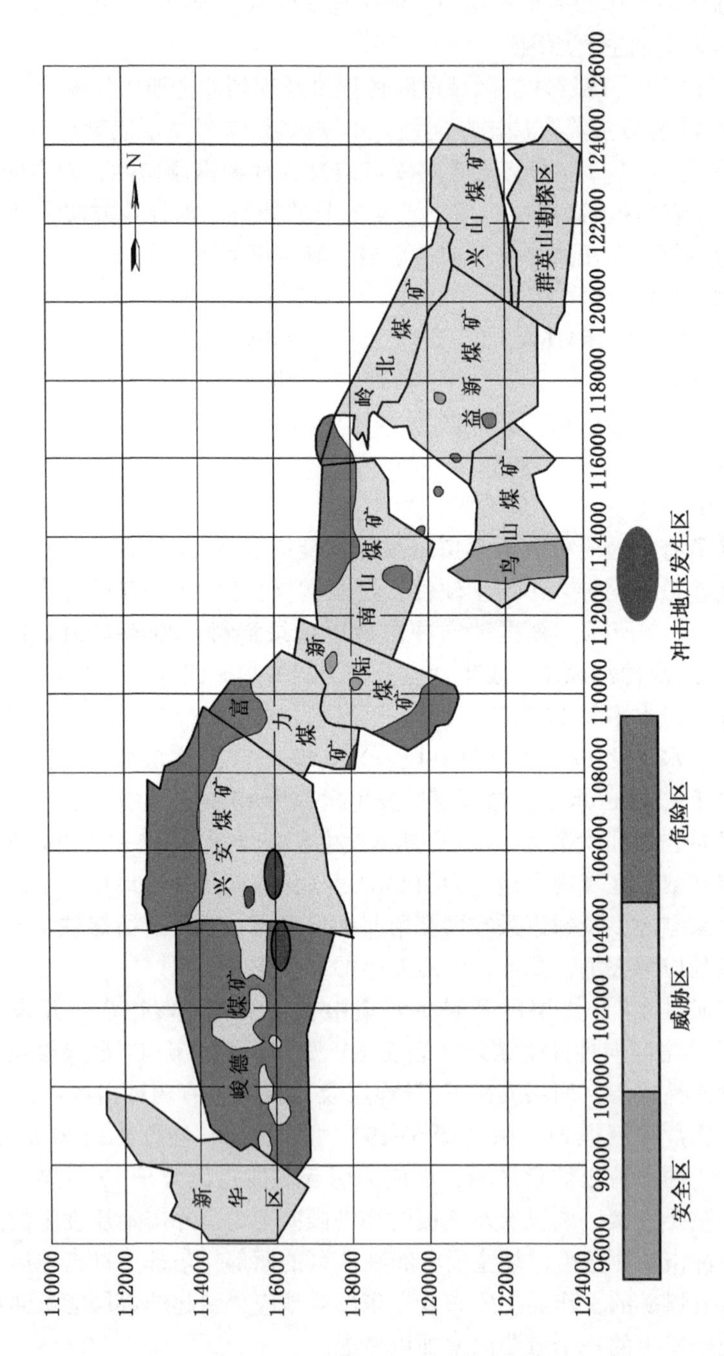

图5-19　鹤岗矿区17号煤层-330 m水平冲击地压危险区域划分图

4. 鹤岗矿区 18 号煤层冲击区域危险性评价及现场冲击地压分析

鹤岗矿区 18 号煤层具有弱冲击倾向性，依据 5.4.1 节的能量判据计算方法，计算出 18 号煤层的能量判据。其判据如下：

$U_s < 40460.67$ J　　安全区

$40460.67\ \text{J} \leqslant U_s < 104760.7$ J　　威胁区

$U_s \geqslant 104760.7$ J　　危险区

鹤岗矿区 18 号煤层冲击地压危险区域划分如图 5-20 所示。根据鹤岗冲击地压记录资料显示，2005—2008 年，南山矿有记录的冲击地压次数为 17 次，最近一次记录发生在 2013 年 8 月，位置为西一区 18 层南部零分段。1998—2005 年富力矿共发生冲击地压 6 次，发生地点为-240 m 南 18-2 层一、二区分界处回风巷及绕道上山，-110 m 矸石井 18-2 层煤柱区，-310 m 南 18-2 层一分层、-310 m 南 18-2 层下段外区。将各冲击地压发生位置标记在经纬坐标图中（图 5-20）。富力矿冲击地压发生在冲击地压危险区与威胁区边界处，南山矿冲击地压发生在冲击地压危险区域，由此可知，地应力引起的煤层能量储蓄是冲击地压发生的主要原因之一。

目前 18 号煤层的开采主要分布在益新矿、富力矿和南山矿，其主要开采水平为-330 m 水平。从冲击倾向性评价结果（表 5-8）来看，富力矿 18-2号煤层为弱冲击倾向性煤层，顶板为强冲击倾向性岩层，南山矿 18 号煤层及顶板均为弱冲击倾向性岩层，益新矿 18-1 号煤层为无冲击倾向性煤层，顶板为弱冲击倾向性岩层。从 18 号煤层冲击地压危险区域划分图（图 5-20）中可以看出，富力矿西部区域具有冲击危险性，同时煤层具有弱冲击倾向性，顶板具有强冲击倾向性，地应力引起的能量储蓄需作为冲击地压发生的一个重要因素加以考虑；南山矿中部盆地区域及西部区域为该矿区的冲击围岩区域，地应力引起的能量储蓄为冲击地压发生的主要因素之一；益新矿整个矿区分布在冲击地压威胁区域，而煤层无冲击倾向性，因此可认为该矿区 18 号煤层冲击危险性较小。

根据上述冲击地压区域危险性评价判据，对鹤岗矿区进行冲击地压评判，并将目前统计的 66 次冲击地压位置在鹤岗矿区冲击地压区域危险区划分图上标出，有 49 次冲击地压发生位置在危险区内，占总数的 74.2%。以上研究说明该冲击地压区域危险性评价方法具有一定的合理性，同时在目前开采水平进行开采活动，地应力是鹤岗矿区冲击地压发生的一个重要因素。

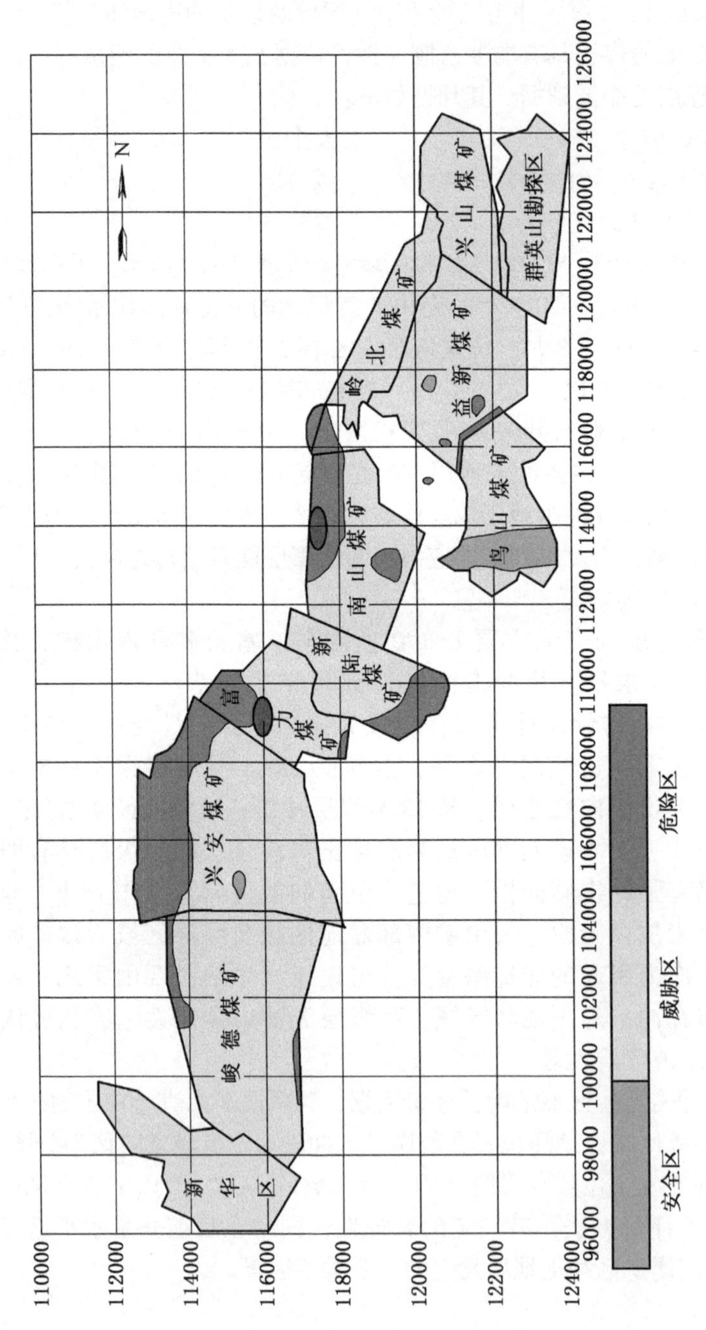

图5-20 鹤岗矿区18号煤层-330 m水平冲击地压危险区域划分

5.5 本章小结

本章以鹤岗矿区为研究对象，对鹤岗矿区冲击地压现状进行了调查分析，得出了鹤岗矿区冲击地压发生的特征，同时通过改变地质力学模型边界条件，模拟地应力方向、水平应力与垂直应力比值对采煤工作面超前区域能量分布的影响，从而得到地应力对冲击地压影响的一些规律，最后运用能量准则及最小能量原理确定了鹤岗矿区冲击地压区域危险性评价的能量判据，并以此为依据对鹤岗矿区冲击煤层进行了危险性评价。可将本章主要结论归结如下：

（1）本章以鹤岗矿区冲击地压发生情况的调查分析为基础，分别对巷道掘进过程中发生的冲击地压和工作面回采过程中发生的冲击地压特征以及发生原因进行了分析。巷道掘进过程中发生的冲击地压，其冲击范围多集中在距掘进工作面 50 m 范围内，释放能量范围为 2.0×10^{5} J ~ 1.07×10^{8} J，冲击地压发生时造成巷道断面缩小、支护体破坏、设备损失、人员受伤；工作面回采过程中发生的冲击地压，其冲击范围多分布在工作面及工作面回风巷，回风巷冲击范围为上出口位置至超前工作面 110 m，其释放能量范围为 3.57×10^{4} J ~ 9.12×10^{9} J。相对于巷道掘进冲击地压，其破坏更为严重。归纳总结现场实际冲击地压发生情况，可将冲击地压发生的原因可分为三类：地应力、煤（岩）体的物理力学性质以及生产技术条件。煤（岩）体的物理力学性质决定了煤岩体的冲击倾向性特性，地应力以及生产技术条件构成了煤岩体发生冲击的地压的条件，三方面因素的共同作用下导致了冲击地压的发生。

（2）本章运用数值模拟手段对工作面回采过程中地应力对冲击地压的影响进行了研究。主要研究了地应力方向以及水平主应力与自重应力的比值对冲击地压的影响。研究结果表明，回采过程中最大水平主应力方向与工作面推进方向的夹角对工作面超前区域的能量分布影响较大，夹角越大，工作面超前区域聚集的能量就越多，同时工作面超前区域的能量峰值向煤层内部转移，能量集中区分布范围逐渐增大；最大水平主应力与垂直应力的比值 K_1 对工作面超前区域煤层能量的分布情况影响较大，随着 K_1 的增大，模拟工作面的峰值能量随之增大，能量集中区域也随之增大；最小水平应力与垂直应力的比值 K_2 与工作面超前区域的能量分布也呈正相关关系，但其变化对工作面超前区域的能量分布影响较小，K_2 由 0.6 增加到 1.4 时，模拟工作面峰值能量仅增加了 8.22%，能量集中区域基本没有变化。

（3）本章根据能量准则及最小能量原理确定了鹤岗矿区冲击区域危险性评价判据，弱冲击倾向性煤层评价判据如下：

$U_s < U_{min} + U_{emin}$　　安全区

$U_{min} + U_{emin} \leqslant U_s < U_{min} + U_{emax}$　　威胁区

$U_s \geqslant U_{min} + U_{emax}$　　危险区

强冲击倾向性煤层评价判据如下：

$U_s < U_{min} + U_{emin}$　　威胁区

$U_s \geqslant U_{min} + U_{emin}$　　危险区

其中，U_s 为岩体动力破坏前所储存的总能量；U_{min} 为岩体动力破坏所需要的最小能量；U_{emin} 为冲击地压发生时到达临空面的最小能量；U_{emax} 为矿井冲击地压监测的预警能量值。

根据第 4 章地应力数值模拟结果对鹤岗矿区主要冲击煤层（3 号、11 号、17 号、18 号煤层）进行了冲击区域危险性评价，并将目前统计的 66 次冲击地压位置在鹤岗矿区冲击地压区域危险区划分图上标出，有 49 次冲击地压发生位置在危险区内，占总数的 74.2%。说明该冲击地压区域危险性评价方法具有一定的合理性，同时可以说明在目前开采水平进行开采活动，地应力是鹤岗矿区冲击地压发生的一个重要因素。

参 考 文 献

[1] Mayer A, Habib P, Marchant, R. Underground rock pressure testing [C]. Pro, Inc, Conf. on Rock Pressure and Support in the Working, 1951: 1-6.

[2] Hast N, Nilsson T. Recent rock pressure measurements and their implication for dam building [C]. Eighth Int. Congr. on Large Dams, 1964: 601-610.

[3] 蔡美峰. 地应力测量原理和技术 [M]. 北京: 科学出版社, 1995.

[4] Worotnicki, G, Walton, R. Triaxial "hollow inclusion" gauges for determination of rock stresses in situ, Investigation of Stress in Rock—Advances in Stress Measurement [C]. Proc. Int. Symp. Sydney, 1976: 1-8.

[5] R. Hiltscher, J. Martna, L. Strindell. The measurement of triaxial rock stresses in deep boreholes and the use of rock stress measurements in the design and construction of rock openings [C]. 4th ISRM Congress, Montreux, Switzerland September, 1979: 2-8.

[6] Y. OBARA, K. SUGAWARA, Rock Stress Measurements By the Conical-ended Borehole Technique Using the Compact Overcoring [C]. 8th ISRM Congress, Tokyo, Japan. September, 1995: 25-29.

[7] Haimson B C. The hydraulic fracturing method of stress measurement: theory and practice.. In: Hudson J, editor. Comprehensive rock engineering [M]. Oxford: Pergamon Press, 1993: 395-412.

[8] Cornet FH. The HTPF and the integrated stress determination methods. In: Hudson, editor. Comprehensive rock engineering [M]. Oxford: Pergamon Press, 1993: 413-432.

[9] M Brudy, M. D Zoback. Drilling-induced tensile wall-fractures: implications for determination of in-situ stress orientation and magnitude [J]. International Journal of Rock Mechanics and Mining Sciences , 1999, 36 (2): 191-215.

[10] STRICKLAND F G, REN N K. Use of differential strain curve analysis in predicting the in-situ stress state for deep wells [C]. Proceedings of the 21st U. S. Symposium on Rock Mechanics. Rolla: University of Missouri, 1980: 523-532.

[11] VOIGHT B. Determination of the virgin state of stress in the vicinity of a borehole from measurements of a partial anelastic strain tensor indrill cores [J]. Rock Mechanics & Engineering Geology, 1968 (6): 201-215.

[12] TEUFEL L W. Prediction of hydraulic fracture azimuth from anelasticstrain recovery measurements of oriented core [C]. Proceedings of the 23rd U. S. Symposium on Rock Mechanics. Berkeley: SME/AIME, 1982: 238-245.

[13] Yamamoto K, Kuwahara Y, Kato N, et al. Deformation rate analysis is a new method for in situ stress exam in at ion from in elastic deformation of rock samples under uniaxial compressions [J]. Tohoku Geophysical Journal , 1990, 33 : 127-147.

[14] Yoshikawa S，Mogi K. A new method for estimation of the crustal stress from cored rock samples：laboratory study in the case of uniaxial compression [J]. Tectonophysics，1981，74：323-339.

[15] 陈强，朱宝龙，胡厚田．岩石 Kaiser 效应测定地应力场的试验研究 [J]. 岩石力学与工程学报，2006，27（7）：1370-1376.

[16] ASK D，STEPHANSSON O，CORNET F H，et al. Rock stress，rock stress measurements and the integrated stress determination method（ISDM）[J]. Rock Mech Rock Eng，2009，42：559-584.

[17] 王连捷，潘立宙，廖椿庭，等．地应力测量及其在工程中的应用 [M]. 北京：地质出版社，1991.

[18] 刘继光．36-2 型钻孔变形计的组装工艺及现场使用 [J]. 岩土力学，1983，4（1）：59-66.

[19] 白世伟，方昭茹．空心包体式孔壁应变计 [J]. 岩土力学，1987，8（4）：31-36.

[20] 谷志孟，葛修润．软岩地应力测量新方法的试验研究 [J]. 岩石力学与工程学报，1994，13（4）：339-348.

[21] 葛修润，侯明勋．一种测定深部岩体地应力的新方法——钻孔局部壁面应力全解除法 [J]. 岩石力学与工程学报，2004，23（23）：3923-3927.

[22] 葛修润，侯明勋．三维地应力 BWSRM 测量新方法及其测井机器人在重大工程中的应用 [J]. 岩石力学与工程学报，2011，30（11）：2161-2180.

[23] 刘允芳．岩体地应力与工程建设 [M]. 武汉：湖北科学技术出版社，2000：1-215.

[24] 王成虎，张彦山，郭啟良，等．工程区地应力场的综合分析法研究 [J]. 岩土工程学报，2011，33（10）：1562-1568.

[25] 蔡美峰．地应力测量中温度补偿方法的研究 [J] 岩石力学与工程学报，1991，10（3）：227-235.

[26] 蔡美峰，乔兰，于劲波．空心包体应力计测量精度问题 [J]. 岩土工程学报，1994，16（6）：15-20.

[27] 蔡美峰，陈长臻，彭华，等．万福煤矿深部水压致裂地应力测量 [J]. 岩石力学与工程学报，2006，25（5）：1069-1074.

[28] 刘元坤，肖本职，景锋，等．完整性较差岩体中的地应力测量 [J]. 岩土力学研究与工程实践，1998：42-46.

[29] 刘允芳，朱杰兵，刘元坤．空心包体式钻孔三向应变计地应力测量研究 [J]. 岩石力学与工程学报，2001，20（4）：448-453.

[30] 钟作武，陈云长，刘允芳，等．深部岩体三维地应力测量技术 [J]. 矿山压力与顶板管理，2005，22（3）：80-85.

[31] 康红普，林健．我国巷道围岩地质力学测试技术新进展 [J]. 煤炭科学技术，2001，29（7）：27-30.

[32] 吴振业，李世平．微山湖下三维地应力测量［C］. 第三届全国地应力会议专辑，1994.
[33] 王空前，雷东升．套孔应力解除法在某矿区的实际应用［J］. 能源技术与管理，2012，1：86-88.
[34] 何满潮．深部岩体力学基础［M］．北京：科学出版社，2010.
[35] X G Zhao ，J Wang，M Cai，et al. In-situ stress measurements and regional stress field assessment of the Beishan area，China［J］. Engineering Geology，2013，163：26-40.
[36] Ali A. Yaghoubi，M. Zeinali. Determination of magnitude and orientation of the in-situ stress from borehole breakout and effect of pore pressure on borehole stability-Case study in Cheshmeh Khush oil field of Iran［J］. Journal of Petroleum Science and Engineering，2009，67：116-126.
[37] Amie M. Lucier，Mark D. Zoback，Vincent Heesakkers，et al. Constraining the far-field in situ stress state near a deep South African gold mine［J］. International Journal of Rock Mechanics & Mining Sciences，2009，46：555-567.
[38] Yong Li，Dazhen Tang，Hao Xu，et al. In-situ stress distribution and its implication on coalbed methane development in Liulin area，eastern Ordos basin，China［J］. Journal of Petroleum Science and Engineering，2014，122：488-496.
[39] Farzin Hamidi n，Ali Mortazavi. A new three dimensional approach to numerically model hydraulic fracturing process［J］. Journal of Petroleum Science and Engineering，2014，124：451-467.
[40] Shike Zhang a，ShundeYin. Determination of in situ stresses and elastic parameters from hydraulic fracturing tests by geomechanics modeling and soft computing［J］. Journal of Petroleum Science and Engineering，2014，124：484-492.
[41] T. Yokoyama a，n，O. Sano b，A. Hirata，et al. Development of borehole-jack fracturing technique for in situ stress measurement［J］. International Journal of Rock Mechanics & Mining Sciences，2014，67：9-19.
[42] M D Zobacka，C A Bartonb，M Brudy，et al. Determination of stress orientation and magnitude in deep wells［J］. International Journal of Rock Mechanics & Mining Sciences，2003，40：1049-1076.
[43] S Y Wanga，L Sun，A S K Au，et al. 2D-numerical analysis of hydraulic fracturing in heterogeneous geo-materials［J］. Construction and Building Materials，2009，23：2196-2206.
[44] Chaoru Liu. Distribution laws of in-situ stress in deep underground coal mines［J］. Procedia Engineering，2011，26：909-917.
[45] Jinsong Huang，D. V. Griffiths，Sau-WaiWong. Initiation pressure，location and orientation of hydraulic fracture［J］. International Journal of Rock Mechanics & Mining Sciences，2012，49：59-67.
[46] Haijun Zhao，Fengshan Ma，Jiamo Xu，et al. In situ stress field inversion and its application in

mining-induced rock mass movement [J]. International Journal of Rock Mechanics & Mining Sciences, 2012, 53: 120-128.

[47] 刘允芳. 水压致裂法三维地应力测量 [J]. 岩石力学与工程学报, 1991, 10 (3): 246-256.

[48] 刘建中, 李自强. 对水压致裂应力测量理论的实验与分析 [J]. 岩石力学与工程学报, 1986, 5 (3): 357-363.

[49] 王建军. 应用水压致裂法测量三维地应力的几个问题 [J]. 岩石力学与工程学报, 2000, 19 (2): 229-233.

[50] 尹建民, 刘元冲, 罗超文, 等. 原生裂隙水压法三维地应力测量原理及应用 [J]. 岩石力学与工程学报, 2001, 10 (S1): 1706-1709.

[51] J A Hudson, F H Cornet, R Christiansson. ISRM Suggested Methods for rock stress estimation—Part 1: Strategy for rock stress estimation [J]. International Journal of Rock Mechanics & Mining Sciences. 2003, 40 (7-8): 991-998.

[52] 康红普, 林健, 张晓. 深部矿井地应力测量方法研究与应用 [J]. 岩石力学与工程学报, 2007, 26 (5): 929-933.

[53] 康红普, 颜立新, 张剑. 汾西矿区地应力测试与分析 [J]. 采矿与安全工程学报, 2009, 26 (3): 263-268.

[54] 康红普, 林健, 张晓等. 潞安矿区井下地应力测量及分布规律研究 [J]. 岩土力学, 2010, 31 (3): 827-844.

[55] 康红普, 姜铁明, 张晓等. 晋城矿区地应力场研究及应用 [J]. 岩石力学与工程学报, 2009, 28 (1): 1-8.

[56] 王连国, 陆银龙, 杨新华, 等. 霍州矿区地应力分布规律实测研究 [J]. 岩石力学与工程学报, 2010, 29 (增1): 2768-2774.

[57] 孟庆彬, 乔卫国, 等. 榆树井煤矿地应力测量及分布规律研究 [J]. 西安科技大学学报, 2011, 31 (5): 510-513.

[58] 姜春露, 姜振泉, 杨伟峰, 等. 赵楼井田地应力特征及地质构造形成机制 [J]. 煤炭学报, 2011, 36 (4): 583-587.

[59] 张振营. 岩土力学 [M]. 北京: 中国水利水电出版社, 2000.

[60] 蔡美峰. 不同岩石条件下地应力解除测量技术可靠性的试验研究 [J]. 岩石力学与工程学报, 1991, 10 (4): 339-353.

[61] 张有天, 胡惠昌. 地应力场的趋势分析 [J]. 水利学报, 1984, (4): 31-38.

[62] 肖明. 三维初始应力场反演与应力函数拟合 [J]. 岩石力学与工程学报, 1989, 8 (4): 337-345.

[63] 柴贺军, 刘浩吾, 王明华. 大型电站坝区应力场三维弹塑性有限元模拟与拟合 [J]. 岩石力学与工程学报, 2002, 21 (9): 1314-1318.

[64] 郭怀志, 马启超, 薛玺成, 等. 岩体初始应力场的分析方法 [J]. 岩土工程学报, 1983,

5 (3): 64-75.
[65] 朱伯芳. 岩体初始地应力反分析 [J]. 水利学报, 1994, (10): 30-33.
[66] 江权, 冯夏庭, 陈建林, 等. 锦屏二级水电站厂址区域三维地应力场非线性反演 [J]. 岩土力学, 2008, 29 (11): 3003-3010.
[67] 张延新, 宋常胜, 蔡美峰, 等. 深孔水压致裂地应力测量及应力场反演分析 [J]. 岩石力学与工程学报, 2010, 29 (4): 778-786.
[68] 张勇慧, 魏倩, 盛谦, 等. 大岗山水电站地下厂房区三维地应力场反演分析 [J]. 岩土力学, 2011, 32 (5): 1523-1530.
[69] 黄耀光, 王连国, 李正立. 深埋大断层构造区三维地应力场反演分析 [J]. 煤矿开采, 2014, 19 (3): 23-28.
[70] 梅松华, 盛谦, 冯夏庭, 等. 龙滩水电站左岸地下厂房区三维地应力场反演分析 [J]. 岩石力学与工程学报, 2004, 23 (23): 4006-4011.
[71] 蔡美峰, 乔兰, 李华斌. 地应力量测原理和技术 [M]. 北京: 北京科学出版社, 1995.
[72] 朱焕春, 赵海斌. 河谷地应力场的数值模拟 [M]. 水利学报, 1996 (5): 29-36.
[73] 戚蓝, 崔溦, 熊开智, 等. 灰色理论在地应力场分析中的应用 [J]. 岩石力学与工程学报, 2002, 21 (10): 1547-1550.
[74] 易达, 陈胜宏, 葛修润. 岩体初始应力场的遗传算法与有限元联合反演法 [J]. 岩土力学, 2004, 25 (7): 1077-1080.
[75] 周洪波, 付成华. 弹性和弹塑性有限元在溪洛渡水电站坝区地应力反演中的应用 [J]. 长江科学院院报, 2006, 23 (6): 63-67.
[76] Li Yong-song, Yin Jian-min, Chen Jian-ping, et al. Analysis of 3D In-situ Stress Field and Query System's Development Based on Visual BP Neural Network [J]. Procedia Earth and Planetary Science, 2012, 5: 64-69.
[77] 金长宇, 马震岳, 张运良, 等. 神经网络在岩体力学参数和地应力场反演中的应用 [J]. 岩土力学, 2006, 27 (8): 1263-1266.
[78] 袁风波. 岩体地应力场的一种非线性反演新方法研究 [D]. 武汉: 中国科学院, 2007.
[79] 蒋中明, 徐卫亚, 邵建富. 基于人工神经网络的初始地应力场的三维反分析 [J]. 河海大学学报, 2002, 30 (3): 52-56.
[80] 梁远文, 林红梅, 潘文彬. 基于 BP 神经网络的三维地应力场反演分析 [J]. 广西水利水电, 2004, (4): 5-8.
[81] 刘世君, 高德军, 徐卫亚. 复杂岩体地应力场的随机反演及遗传优化 [J]. 三峡大学学报, 2005, 27 (2): 123-127.
[82] 石敦敦, 傅永华, 朱墩, 等. 人工神经网络结合遗传算法反演岩体初始地应力的研究 [J]. 武汉大学学报 (工学版), 2005, 38 (2): 73-76.
[83] 李守巨, 刘迎曦, 土登刚. 基于遗传算法的岩体初始应力场反演 [J]. 煤炭学报, 2001, 26 (1): 13-17.

[84] 李守巨，张军，刘迎曦，等. 基于优化算法的岩体初始应力场随机识别方法 [J]. 岩石力学与工程学报，2004，23（23）：4012-4016.

[85] 易达，陈胜宏. 地表剥蚀作用对地应力场反演的影响 [J]. 岩土力学，2003，24（2）：254-261.

[86] 易达，徐明毅，陈胜宏，等. 人工神经网络在岩体初始应力场反演中的应用 [J]. 岩土力学，2004，25（6）：943-946.

[87] 郭明伟，李春光，王水林，等. 优化位移边界反演三维初始地应力场的研究 [J]. 岩土力学，2008，29（5）：1269-1274.

[88] 贾善坡，陈卫忠，谭贤君，等. 大岗山水电站地下厂房区初始地应力场 Nelder-Mead 优化反演研究 [J]. 岩土力学，2008，29（9）：2341-2349.

[89] 闫相祯，王保辉，杨秀娟，等. 确定地应力场边界载荷的有限元优化方法研究 [J]. 岩土工程学报，2010，32（10）：1485-1490.

[90] 郭运华，朱维申，李新平，等. 基于 $FLAC^{3D}$ 改进的初始地应力场回归方法 [J]. 岩石力学与工程学报，2014，36（5）：892-898.

[91] Z Khademian，K Shahriar，M GharouniNik. Developing an algorithm to estimate in situ stresses using a hybrid numerical method based on local stress measurement [J]. International Journal of Rock Mechanics & Mining Sciences，2012，55：80-85.

[92] Rima Chatterjee. Effect of normal faulting on in-situ stress：A case study from Mandapeta Field，Krishna-Godavari basin，India [J]. Earth and Planetary Science Letters，2008，269：458-467.

[93] Dip Kumar Singha，Rima Chatterjee. Geomechanical modeling using finite element method for prediction of in-situ stress in Krishna-Godavari basin，India [J]. International Journal of Rock Mechanics and Mining Sciences，2015，73：15-27.

[94] Dip Kumar Singha，Rima Chatterjee. Geomechanical modeling using finite element method for prediction of in-situ stress in Krishna-Godavaribasin，India [J]. International Journal of Rock Mechanics & Mining Sciences，2015，73：15-27.

[95] Feng Li. Numerical Simulation of 3D In-situ Stress in Hailaer Oil Field [J]. Procedia Environmental Sciences，2012，12：273-279.

[96] 梁政国，孙步洲，齐庆新. 陶庄煤矿构造应力作用及冲击地压力源分析 [J]. 阜新矿业学院学报（自然科学版），1990，9（4）：69-72.

[97] 孙步洲，余德绵. 矿井构造应力场和冲击地压 [J]. 山东矿业学院学报，1992，11（1）：21-26.

[98] 张宏伟，张文军，段克信. 现代构造应力场与矿井冲击地压 [J]. 山东矿业学院学报，1996，15（3）：13-17，42.

[99] 王志辉，张宏伟，石永生. 地质动力区划在新汶潘西矿的应用 [J]. 阜新：辽宁工程技术大学学报，2005，24（S2）：1-3.

[100] 杜平. 构造应力与动力系统对冲击地压控制作用研究 [D]. 阜新：辽宁工程技术大学，2013.
[101] 陈蓥，张宏伟，韩军，等. 基于地质动力区划的矿井动力环境研究 [J]. 世界地质，2011，30 (4)：690-696.
[102] 兰天伟，张宏伟，韩军，等. 京西地质构造对矿井动力灾害的影响 [J]. 煤田地质与勘探，2012，40 (6)：17-19+43.
[103] 韩军，张宏伟，兰天伟，等. 京西煤田冲击地压的地质动力环境 [J]. 煤炭学报，2014，39 (6)：1056-1062.
[104] 韩军，梁冰，张宏伟，等. 开滦矿区煤岩动力灾害的构造应力环境 [J]. 煤炭学报，2013，38 (7)：1154-1160.
[105] 陈学华，孙守增，张宝安. 评估岩体应力状态防治冲击地压 [J]. 辽宁工程技术大学学报，2002，21 (4)：443-445.
[106] 王存文，姜福兴，刘金海. 构造对冲击地压的控制作用及案例分析 [J]. 煤炭学报，2012，37 (S2)：263-268.
[107] 姜福兴，苗小虎，王存文，等. 构造控制型冲击地压的微地震监测预警研究与实践 [J]. 煤炭学报，2010，35 (6)：900-903.
[108] 王本强. 构造应力下坚硬底板冲击地压机理分析 [J]. 煤炭科技，2009 (1)：79-80+83.
[109] 尹光志，鲜学福，金立平，等. 地应力对冲击地压的影响及冲击危险区域评价的研究 [J]. 煤炭学报，1997，22 (2)：22-27.
[110] 刘飞. 东滩煤矿三采区冲击危险区域评价 [J]. 中国煤田地质，2005，17 (1)：33-38.
[111] 乔伟，李文平. 深部矿井地应力场分布规律及其在冲击地压预测中的应用 [C]. 第八届全国工程地质大会论文集，2008：4.
[112] 王宏伟. 长壁孤岛工作面冲击地压机理及防冲技术研究 [D]. 北京：中国矿业大学(北京)，2011.
[113] 陈学华. 构造应力型冲击地压发生条件研究 [D]. 阜新：辽宁工程技术大学，2004.
[114] 刘柏松. 兴安矿瓦斯地质规律与瓦斯预测 [D]. 焦作：河南理工大学，2011.
[115] 张春. 益新矿井瓦斯地质规律与瓦斯预测 [D]. 焦作：河南理工大学，2012.
[116] 万天丰. 论构造事件的节律性 [J]. 地学前缘，1997 (Z2)：257-262.
[117] 蔡超. 鹤岗矿区石头河子组层序地层格架与构造控煤分析 [D]. 北京：中国地质大学(北京)，2010.
[118] 蔡美峰. 地应力测量原理与技术 [M]. 北京：科学出版社，2000.
[119] 刘允芳，刘元坤. 水压致裂法三维地应力测量方法的研究 [J]. 地壳形变与地震，1999，19 (3)：64-71.
[120] 陈群策，李方全，毛吉震. 水压致裂法三维地应力测量的实用性研究 [J]. 地质力学学报，2001，7 (1)：69-78.

[121] 刘文剑，吴湘滨，王东．水压致裂法测量裂隙岩体的地应力研究［J］. 煤田地质与勘探，2007，35（3）：42-46.

[122] J. A. Hudson，J. P. Harrison. Engineering Rock Mechanics：An Introduction to the Principles［M］. Elsevier Science Ltd，1997.

[123] 董方庭，宋宏伟，郭志宏，等．巷道围岩松动圈支护理论［J］. 煤炭学报，1994，19（1）：21-32.

[124] 郭志宏，董方庭．围岩松动圈与巷道支护［J］. 矿山压力与顶板管理，1995，（Z1）：111-114.

[125] 万串串．松动圈理论在地下深部层状围岩支护中的应用研究［D］. 长沙：中南大学，2012.

[126] 陈秋红，李仲奎，张志增．松动圈分区模型及其在地下工程反馈分析中的应用［J］. 岩石力学与工程学报，2010，29（S1）：3216-3220.

[127] 深井巷道围岩松动圈影响因素实测分析及控制技术研究［J］. 岩石力学与工程学报，1999，18（1）：71-75.

[128] 康红普，司林坡，苏波．煤岩体钻孔结构观测及应用［J］. 煤炭学报，2010，35（12）：1949-1956.

[129] 康红普，等．煤巷锚杆支护理论与成套技术［M］. 北京：煤炭工业出版社，2007.

[130] 孙辉，李桂臣，卫英豪，等．物探法结合钻孔窥视在岩体结构探测中的应用［J］. 煤矿安全，2014，45（4）：141-144.

[131] 靖洪文，李元海，梁军起，等．钻孔摄像测试围岩松动圈的机理与实践［J］. 中国矿业大学学报，2009，38（ 5）：645-649，669.

[132] 赵阳升，冯增朝，万志军．岩体动力破坏的最小能量原理［J］. 岩石力学与工程学报，2003，22（11）：1781-1783.

图书在版编目（CIP）数据

地应力场测量及其对冲击地压的影响研究/庞杰文著．
--北京：煤炭工业出版社，2018
ISBN 978-7-5020-7150-9

Ⅰ．①地…　Ⅱ．①庞…　Ⅲ．①地应力场—影响—煤矿—冲击地压—研究　Ⅳ．①TD324

中国版本图书馆 CIP 数据核字（2018）第 285982 号

地应力场测量及其对冲击地压的影响研究

著　　者　庞杰文
责任编辑　徐　武　尹燕华
责任校对　陈　慧
封面设计　王　滨

出版发行　煤炭工业出版社（北京市朝阳区芍药居 35 号　100029）
电　　话　010-84657898（总编室）　010-84657880（读者服务部）
网　　址　www. cciph. com. cn
印　　刷　北京建宏印刷有限公司
经　　销　全国新华书店

开　　本　710mm×1000mm $^{1}/_{16}$　**印张**　$9^{3}/_{4}$　**字数**　174 千字
版　　次　2018 年 12 月第 1 版　2018 年 12 月第 1 次印刷
社内编号　20181313　**定价**　35.00 元